本书获湖南省高校思想政治工作质量提升工程“以智能工坊为平台打造工匠精神传承教育新高地”科研项目（课题编号 20JP081）经费资助

职业教育工匠精神的传承与创新

郭纪斌　著

湘潭大学出版社

图书在版编目（CIP）数据

职业教育工匠精神的传承与创新 / 郭纪斌著. -- 湘潭 : 湘潭大学出版社, 2022.4
ISBN 978-7-5687-0751-0

Ⅰ. ①职… Ⅱ. ①郭… Ⅲ. ①职业道德－教学研究－职业教育 Ⅳ. ①B822.9

中国版本图书馆 CIP 数据核字（2022）第 062484 号

职业教育工匠精神的传承与创新

ZHIYE JIAOYU GONGJIANG JINGSHEN DE CHUANCHENG YU CHUANXIN

郭纪斌 著

责任编辑： 丁立松
封面设计： 张丽莉
出版发行： 湘潭大学出版社
社　　址： 湖南省湘潭大学工程训练大楼
电　　话： 0731-58298960 0731-58298966（传真）
邮　　编： 411105
网　　址： http://press.xtu.edu.cn/
印　　刷： 广东虎彩云印刷有限公司
经　　销： 湖南省新华书店
开　　本： 787 mm×1092 mm 1/16
印　　张： 12
字　　数： 252 千字
版　　次： 2022 年 4 月第 1 版
印　　次： 2022 年 4 月第 1 次印刷
书　　号： ISBN 978-7-5687-0751-0
定　　价： 49.80 元

2020年湖南省高校思想政治工作质量提升工程资助项目研究成果
（项目号：20JP081）
以“智能工坊”为平台打造“工匠精神”传承教育新高地

项目研究单位

湖南信息职业技术学院

课题组成员

郭纪斌　副教授　湖南信息职业技术学院机电工程学院副院长（主持人）
钟　波　教　授　湖南信息职业技术学院教学督导
李　斌　副教授　湖南信息职业技术学院机电工程学院院长
李　刚　讲　师　湖南信息职业技术学院机电工程学院党总支书记
侯超男　副教授　湖南信息职业技术学院机电工程学院党总支副书记
罗维根　副教授　湖南信息职业技术学院马克思主义学院副院长
张　乐　副教授　湖南信息职业技术学院机电工程学院实验室主任
王润霖　讲　师　湖南信息职业技术学院机电工程学院团总支书记

前　言

当前，随着我国由“制造大国”向“制造强国”进行产业升级，对具有“工匠精神”、技艺过硬的高技能型产业工人需求越来越大，从而对职业院校的人才培养提出新的更高要求。2016年3月，李克强总理在《政府工作报告》中明确提出：“鼓励企业开展个性化定制、柔性化生产，培育精益求精的‘工匠精神’，增品种、提品质、创品牌。”从政府、企业、个人等方面，在多个场合对弘扬和践行“工匠精神”做出重要指示。2017年3月5日，李克强总理在《政府工作报告》中进一步指出：“质量之魂，存于匠心。要大力弘扬‘工匠精神’，厚植工匠文化，恪尽职业操守，崇尚精益求精，培育众多‘中国工匠’，打造更多享誉世界的‘中国品牌’，推动中国经济发展进入质量时代。”“工匠精神”写入《政府工作报告》和《十三五规划纲要》，以及李克强总理关于“工匠精神”的多次重要指示，明确了“工匠精神”的政策地位，反映了中央政府高度重视“工匠精神”对我国社会经济转型升级的促进作用，也体现了“工匠精神”在中国制造提档升级、由工业大国升级到工业强国、经济发展由数量时代到质量时代的价值驱动和政策导向作用。

作为我国培养企业急需的技术技能型人才的主阵地和摇篮，职业院校必须将“工匠精神”作为立德树人的根本，培养和传承具有进取创新、精益求精、爱岗敬业的“工匠精神”，不断寻求提升职业院校学生“工匠精神”培养效果的方法和路径，提升职业院校课程思政教育的实效性，从而培养更多符合社会急需的创新型、复合型技术人才，满足我国实现制造强国、创造大国目标的人才需求。

本著作主要对职业院校“工匠精神”培育传承体系的构建与运行机制进行分析研究，首先深入探讨“工匠精神”的历史底蕴与当代内涵，并同时对“工匠精神”培育的时代价值进行认真分析，提出职业院校学生“工匠精神”的传承教育是实现职业院校人才培养目标的需要，也是实现当代职业院校学生自我价值需要的观点，然后在分析职业院校学生“工匠精神”培养过程中存在环境缺乏、载体缺失、效能忽视三大问题的基础上，从营造职业院校学生“工匠精神”的培养环境、搭建职业院校学生“工匠精神”的培养载体、提高职业院校学生“工匠精神”的培养效能三个方面提出了职业院校学生“工匠精神”培养的对策措施，通过“工匠精神”的职业道德教育、项目制教学手段、现代学徒制的教学形式、校企合作、创新平台的融合贯通、搭建学生从课堂走向实践的桥梁，寻求培养“工匠精神”的有效载体与路径，构建高职学生“工匠精神”传承的新型人才培养模式。

当前，基于中华民族的伟大复兴、强国梦的时代环境，我国提出了“制造强国”的战略目标，需要千千万万具备“工匠精神”的创新型、技能型人才作为支撑。学生传承“工匠精神”与提升创新创造能力是相辅相成的，如何让“工匠精神”助力学生创新创造，使学生能够更好地适应现代社会的挑战和多变的环境，是职业教育改革面临的重要问题。“工匠精神”在职场专业技术工作者的素质中，具有本质、灵魂的特殊地位，培养职业院校学生“工匠精神”，立时代之德，育时代新人，是国家、民族对新时期职场人优秀品质的迫切需求，也是职业院校人才培养的任务和时代责任。因此，作为职业院校来说，如何促进学生专业能力的提高，真正传承精益求精的“工匠精神”，是职业教育必须面对的一项重要研究课题。

本书为湖南省高校思想政治工作质量提升工程资助项目（项目编号 20JP081）与2022 年度湖南省社会科学成果评审委员会课题（课题编号 XSP22YBC472）研究成果。在本书的撰写过程中，参考了丰富的文献资料，为此对这些作者深表感谢！同时，本成果的出版得到了湖南省高校思想政治工作质量提升工程“以智能工坊为平台打造‘工匠精神’传承教育新高地”科研项目（课题编号 20JP081）经费资助，在此一并表示感谢！

由于作者水平有限，书中难免存在不足之处，希望读者批评指正。

作者

2022 年 2 月

目　录

第一章　工匠精神的形成与发展

第一节　工匠精神的发展历程

一、提出背景

当今世界，新科学新技术层出不穷，产业技术革新速度不断加快，科学技术的不断发展与突破，对世界经济结构与产业格局造成了广泛影响。尤其是高新技术产业应用迅速进入经济生活，使相关企业对高技术人才的需求迅速增加。作为技能人才的培养摇篮，世界各国经济和科技的发展都需要职业教育的支撑，像美国、德国和日本等国家对职业教育非常重视。

“制造强国”战略在2015年3月5日全国两会上由李克强总理做《政府工作报告》时首次提出，对全面提升中国制造业发展质量和水平、实现制造业转型升级以及进行重大战略部署有着重大的指导意义。在“制造强国”战略目标中，我国首次提出“创新驱动、质量为先、绿色发展、结构优化、人才为本”的制造业发展方针，计划通过“三步走”战略，实现由制造大国迈进制造强国的目标。在我国制造业科技水平不断提升的大背景下，李克强总理在2016年全国两会上做《政府工作报告》时再次针对制造业发展方向指出：“鼓励企业开展个性化定制、柔性化生产，培养精益求精的工匠精神，增品种、提品质、创品牌。”工匠精神第一次在政府工作报告当中出现，在当时引起巨大的社会反响。在“中国制造”向“中国智造”转变的历史进程中，工匠精神开始走上舞台，成为中国制造业发展路途上的重要担当。

虽然我国职业教育取得了一定成就，但职业教育的发展依然存在许多问题。比较典型的问题，主要包括对学生职业素养培育重视不足、专业课程设置不合理、社会及企业对职业教育认可度不高、校企合作不深入、学生专业素质不高、较低的就业率等。随着国家对职业教育越来越重视，职业院校作为技能型人才的主要来源，需要重新进行自我定位。因此，职业院校必须重视对学生工匠精神的传承教育，将职业精神的培养落到实处。基于以上问题，本著作拟以湖南信息职业技术学院文化育人的创新实践为例，系统地论述职业教育“工匠精神”传承的新模式，将工匠精神融入学生教育的全过程之中，提高学生的职业精神素养，为社会提供优质技能型人才，为深入实施“制造强国”战略贡献职教力量。

二、研究意义

（一）理论意义

随着《中华人民共和国国民经济和社会发展第十四个五年规划和2035年远景目标纲要》明确了十四五时期我国将坚定不移地建设制造强国、质量强国的目标，职业教育深入开展“工匠精神”传承教育，将“工匠精神”传承教育纳入教学计划中，将“工匠精神”融入职业教育文化活动的开展中，成为国内专家学者越来越重视的一个研究领域。“工匠精神”传承教育是一项持久性的教育活动，不能仅仅停留在喊口号的层面上，而是需要广大教育工作者扎扎实实地落实到教育改革的实践中。在职业教育中，深入开展“工匠精神”传承教育，不仅需要坚实的理论支撑，更需要有完善的文化育人体系提供实施保障。

职业教育“工匠精神”文化育人体系的建设与实施是一项复杂的系统工程。文化育人平台建设、课程体系设置、师资队伍建设等相关机制的建设，需要职业院校及相关教研工作者认真研究，结合文化育人现状，制定切实可行的人才培养计划，积极稳妥地推进现代职业教育与“工匠精神”传承教育的有效融合。

（二）现实意义

习近平总书记在2015年6月提出要高度重视职业教育的发展，努力培养数以亿计的高素质劳动者和技能型人才，为实现“两个一百年”奋斗目标和中华民族伟大复兴的中国梦提供坚实的人才保障。习近平总书记的指示为职业教育的发展指明了前进的方向。

当前，我国制造业已走出国门，迈向世界。根据相关统计数据，近两年我国制造业总产值已占全球五分之一，总量排名世界第一；单从主要工业产品的产量来看，我国也是世界第一，可以看出我国已是名副其实的世界制造业大国。但在品牌建设和品质把控方面，我国制造业和市场经济存在的劣势也非常突出。而且从技术水平来看，我国制造业水平和发达国家之间还存在比较大的差距。制造业水平的提升更多的是依赖于具有工匠精神的高技能人才，现在我国已经意识到这一点，并从政策上进行大力扶持。同样，大多数职业院校也开始重视学生“工匠精神”的培养，从而避免重视技能传授、文化教育而忽视职业技能教育，真正让“工匠精神”在职业教育中生根发芽，从而对我国制造业水平的提升产生推动作用。

三、工匠精神的定义

虽然2016年3月全国两会上第一次提出工匠精神，但其却是我国人民不断传承的精神特质。无论是战国时期曾侯乙的编钟、盛唐时期的唐三彩、北宋时期的汝瓷、明清时期的丝绸，还是被称为石刻艺术宝库的龙门石窟、敦煌莫高窟等，都代表了古代工匠们一丝不苟的工作态度、追求精益求精的品质，正是这种品质才铸就出我国如此精彩绚烂的民族瑰宝。在这个充满浮躁气息的当代社会，重现古时技艺的辉煌，工匠精神的回归是当代制造业的必然选择。目前国内对工匠精神传承教育的研究并不多，主要是工匠精神的概念暂时还没有官方的定义。学者王丽媛对工匠精神做出如下定义：工匠精神是一种职业态度和精神理念，是从业人员的一种职业价值取向和行为表现，与其人生观和价值观紧密相连。中联重科董事长詹纯新认为：工匠精神就是对每件产品都精雕细琢、精益求精，追求完美和极致；视技术为艺术，既尊重客观规律又敢于创新、拥抱变革，在擅长的领域成为专业精神的代表。于洪波和马立权学者将工匠精神的基本内涵归纳为：一丝不苟的制造精神、精益求精的创造精神、知行合一的实践精神、求富立德的创业精神。李宏昌认为工匠精神就是一种对职业充满敬畏、对工作专注执着、对产品追求精益求精、对服务崇尚极致完美、对人生止于至善的价值取向。

虽然以上学者对工匠精神的定义都有些许不同，但一致地指出了工匠精神的核心——精益求精。因此，本课题尝试将工匠精神的概念归纳为一种包含艺术性和科学性的职业精神和职业价值取向，是在具备了扎实的专业理论知识和职业技能的基础上，能够独立地开展工作并以精益求精作为工作目标，对产品的创造认真负责，对职业、专业忠诚，追求不断创新的实践精神。

四、工匠精神传承教育

精神和价值观的形成来源于日常生活中对知识的不断获取、对能力的不断提升，以及对工作和生活经验的积累。工匠精神的核心是专注、精益求精，主要适用于对工作状态、职业精神的描述，是职业技能在工作环境下追求至善至美的一种精神的体现。虽然在孩童时代专注力的训练与培养、大学时期职业技能的学习、参加工作后的自我进修以及日常生活环境都对工匠精神的养成起到作用，但是，笔者认为工匠精神的传承教育应当从四个方面进行展开：①掌握扎实的专业理论知识；②具备专业的技术技能；③以精益求精的工作态度严格要求自己；④追求不断创新。

高等职业教育是以培训学生职业能力、培育能够解决实际问题的技术技能型人才为教育目标，这与工匠精神的内涵不谋而合。高等职业教育是工匠精神传承教育的主阵地。职业院校应当在以上四个方面的基础上展开对学生工匠精神的传承教育。通过专业课程的教学，增加学生对专业知识的理解与掌握；利用实践课程训练学生对专业知识的实际运用能力；积极组织顶岗实习，让学生置身于真实的工作环境之中，提升职业素质；鼓励支持学生参与创新活动，提高其创新创造的积极性。在每个环节之中，注重向学生灌输工匠精神的内涵特质，通过不断的训练，提高学生对职业技能的掌握，提高学生对职业素质提升的积极性，从而在实践的过程中不断提高，直至形成一丝不苟、精益求精的匠人精神。[①]

第二节　工匠精神的基本内涵

很多人认为，工匠是一种机械重复的工作者，其实工匠有着更深层的意思。他们代表着坚定、踏实、精益求精。工匠不一定都能成为企业家，但大多数成功企业家身上都有这种工匠精神。“工匠精神”可以从瑞士制表匠的例子上一窥究竟。瑞士制表匠对每一个零件、每一道工序、每一块手表都精心打磨、专心雕琢，他们用心制造产品的态度就体现出工匠精神的思维和理念。在工匠们的眼里，只有对质量的精益求精、对制造的一丝不苟、对完美的孜孜追求，除此之外，没有其他。正是凭着这种凝神专一的工匠精神，瑞士手表得以誉满天下，畅销世界，成为经典。

所谓“工匠精神”，其核心是：不仅仅把工作当作赚钱的工具，而是要把其树立成一种对工作执着、对所做的事情和生产的产品精益求精、精雕细琢的精神。在众多的日本企业中，工匠精神使企业领导人与员工之间形成了一种文化与思想上的共同价值观，并由此培育出企业的内生动力。

在获得奥斯卡奖的日本影片《入殓师》中，一个大提琴师失业，到葬仪馆当一名

---

① 刘辙. 工匠精神［M］. 上海：上海交通大学出版社，2020.

葬仪师。通过他出神入化的化妆技艺，一具具遗体被打扮装饰得就像活人睡着了一样，他也因此受到了人们的好评。这名葬仪师的成功感言是：当你做某件事的时候，你就要跟它建立起一种难割难舍的情结，不要拒绝它，要把它看成是一个有生命、有灵气的生命体，要用心跟它进行交流。

所以，从本质上讲，工匠精神是一种职业精神，它是职业道德、职业能力、职业品质的体现，是从业者的一种职业价值取向和行为表现。工匠精神的基本内涵包括敬业、精益、专注、创新等几个方面的内容。

一、敬业

敬业是从业者基于对职业的敬畏和热爱而产生的一种全身心投入的认认真真、尽职尽责的职业精神状态。中华民族历来有“敬业乐群”“忠于职守”的传统，敬业是中国人的传统美德，也是当今社会主义核心价值观的基本要求之一。早在春秋时期，孔子就主张人在一生中始终要“执事敬”“事思敬”“修己以敬”。其中，“执事敬”是指行事要严肃认真，不怠慢；“事思敬”是指临事要专心致志，不懈怠；“修己以敬”是指加强自身修养，保持恭敬谦逊的态度。宋代大思想家朱熹将敬业解释为“专心致志，以事其业”。

二、精益

精益就是精益求精，是从业者对每件产品、每道工序都凝神聚力、精益求精、追求极致的职业品质。所谓精益求精，是指已经做得很好了，还要求做得更好，“即使做一颗螺丝钉也要做到最好”。正如老子所说：“天下大事，必作于细。”能基业长青的企业，无不是精益求精才获得成功的。

三、专注

专注就是内心笃定而着眼于细节的耐心、执着、坚持的精神，这是一切“大国工匠”所必须具备的精神特质。从中外实践经验来看，工匠精神意味着一种执着，即一种几十年如一日的坚持与韧性。德国除了有人们耳熟能详的奔驰、宝马、奥迪、西门子等知名品牌之外，还有数以千计的普通中小企业，它们大部分“术业有专攻”，一旦选定行业，就一门心思扎根下去，心无旁骛，在一个细分产品上不断积累优势，在各自领域成为“领头羊”。其实，在中国早就有“艺痴者技必良”的说法，古代的工匠大多穷其一生，只专注于做一件事或几件内容相近的事。《庄子》中记载的游刃有余的“庖丁”、《核舟记》中记载的奇巧人王叔远等大抵如此。

青铜器四羊方尊是中国古代能人巧匠制造出的一种青铜礼器，它的制作之精巧、做工之精细，体现了古代匠人的精湛技艺。四羊方尊是商朝晚期青铜礼器，为祭祀用品，1938年出土于湖南宁乡市黄材镇月山铺转耳仑的山腰上，现属炭河里遗址，收藏于中国国家博物馆。

四羊方尊是中国现存商代青铜方尊中最大的一件，其每边边长为52.4 cm，高为58.3 cm，重量为34.5千克，长颈，高圈足，颈部高耸，四边上装饰有蕉叶纹、三角夔纹和兽面纹。尊的中部是器的重心所在，尊四角各塑一羊，肩部四角是四个卷角羊头，羊头与羊颈伸出于器外，羊身与羊腿附着于尊腹部及圈足上。四羊方尊器身方形，方口，大沿，颈饰口沿外侈。肩、腹部与足部作为一体被巧妙地设计成四只卷角羊。整器花纹精丽，线条光洁刚劲。尊腹即羊的前胸，羊腿则附于圈足上，承担着尊体的重量。羊的前胸及颈背部饰鳞纹，两侧饰有美丽的长冠凤纹，圈足上是饕餮纹，肩饰高浮雕蛇身而有爪的龙纹，尊四面正中即两羊比邻处，各有一双角龙首探出器表，从方尊每边右肩蜿蜒于前居的中间。全体饰有细雷纹。器四角和四面中心线合范处均设计成长棱脊，其作用是以此来掩盖合范时可能产生的对合不正的纹饰，既掩盖了合范痕迹，又可改善器物边角的单调，增强了造型气势，浑然一体。

四羊方尊集线雕、浮雕、圆雕于一器，把平面纹饰与立体雕塑融会贯通，把器皿与动物形状结合起来，恰到好处，以异常高超的铸造工艺制成。据考古学者分析，四羊方尊是用两次分铸技术铸造的，即先将羊角与龙头单个铸好，然后将其分别配置在外范内，再进行整体浇铸。整个器物用块范法浇铸，一气呵成，鬼斧神工，显示了高超的铸造水平，被史学界称为“臻于极致的青铜典范”，位列十大传世国宝之一。

四、创新

工匠精神强调执着、坚持、专注，甚至是陶醉、痴迷，但绝不等同于因循守旧、拘泥一格的“匠气”，其中包括追求突破、追求革新的创新内蕴。这意味着，工匠必须把“匠心”融入生产的每个环节，既要对职业有敬畏、对质量够精准，又要富有追求突破、追求革新的创新活力。事实上，古往今来，热衷于创新和发明的工匠一直是世界科技进步的重要推动力量。中华人民共和国成立初期，我国涌现出一大批优秀的工匠，如倪志福、郝建秀等，他们为社会主义建设事业作出了突出贡献。改革开放以来，“汉字激光照排系统之父”王选、“中国第一、全球第二的充电电池制造商”王传福、从事高铁研制生产的铁路工人和从事特高压、智能电网运行研究的电力工人等都是工匠精神的优秀传承者，他们让“中国创新”重新影响了世界。

当然，以上所说的只是工匠精神所具有的内涵中的最基本的几个。除此之外，工匠精神还具有很多其他方面的内涵，工匠精神的传承与发展也是指这些内涵的传承与发展。[①]

第三节　工匠精神应具备的品质

工匠精神是指工匠在高超职业技能和良好人文修养结合下形成的一种精神理念。它既体现为工匠的气质，又体现为产品的品质。就其应具备的品质而言，包括工匠对职业的热爱与专注、一丝不苟的态度与精益求精的精神、品牌意识与创新精神以及对“道技合一”境界的追求。

一、对职业的热爱与专注

一般来说，任何高超手艺的获得都基于一个前提，即对职业的热爱。正如孔子所言：“知之者不如好之者，好之者不如乐之者。”（《论语・雍也》）学习的最低层次是“知之者”，即懂得应该学、如何学，用理智控制行动。这种学习方式可以达到一定的目的，但往往缺乏情感的认同，弄得身心疲惫。“好之者”则不同，因为喜爱，所以乐此不疲，学习不会点到为止，而是在问题的诱惑下层层深入钻研，往往有丰硕的成果。学习的最高境界自然是“乐之者”，由学习带来的快乐和满足而产生了幸福感，并进一步推动学习的深入。如此循环往复，不断有新的乐趣和新的境界。这就是职业快感。工匠精神的首要表现就是职业的幸福感和满足感。俗话说，“干一行爱一行”，如果没有热爱，工作便只是谋生的工具而已，当一天和尚撞一天钟，定然难以取得大成就。

“一沙一世界，一花一天堂。无限掌中置，刹那成永恒。”徐志摩曾语带禅机地翻译英国诗人威廉・布莱克的名作《天真的预言》。一粒沙、一朵花，普通渺小的事物实则蕴含着大千世界的万般奥秘。

那么，一块木头呢？在东阳木雕传承人、“中国工艺美术大师”陆光正的手中，一块普通的香樟木或者椴木充满着无限的可能。陆光正从艺 60 载，在木雕艺术领域孜孜以求，有贯穿多种雕刻技法、涉及各种题材的艺术珍品 500 多件问世，曾多次参加全国、国际性大展并获大奖，赢得国内外赞誉。其不少佳作被中国工艺美术馆、中国历史博物馆及知名人士收藏，被工艺美术行家称为“国之瑰宝”。

陆光正出生在浙江东阳岭下村。村子四面环山，山上古木参天，银杏树、樟树、

---

① 梦婷．工匠精神［M］．北京：应急管理出版社，2020．

枣树是主要树种，这些树是东阳木雕自古以来的主要雕材。陆光正的父亲是有名的裁缝，母亲虽不识字，但一笔花鸟画却极为传神。大概是受环境熏染，陆光正从小在艺术上就表现出超常的天赋。村里来了婺剧团，他站在板凳上为演员画脸谱；上小学时就为村里一年一度的灯会画龙头，还到乡里的墙壁上画宣传画。一时间，陆光正被乡和村里赞许为“艺术神童”。

13 岁那年，陆光正从 1000 多名考生中脱颖而出，考入东阳木雕学校。两年后，他又被著名的木雕老艺人、“雕花状元”楼水明相中，破格收为“关门弟子”，之后又得到多位老艺人的倾囊相授。千里马之所以能成为千里马，是因为伯乐慧眼识良驹，而陆光正之所以能从那么多学徒中脱颖而出，成为东阳木雕的擎旗人，也与他的师傅“雕花状元”楼水明密不可分。一开始，陆光正由于在雕刻方面没有什么基础，学起来困难重重，画的图、刻的作品得不到老师的认可，陆光正就有点丧失信心了，后在恩师楼水明的耐心指点下，陆光正的技艺才有了突飞猛进。

一年后，陆光正初露才华，创作的木雕挂屏《热爱和平》被选入全国少年儿童美术作品展览，并作为礼物赠送给国际友人。陆光正曾说：“学木雕最大的快乐就是作品能得到老师的表扬和大家的认可，在我心里，我最感谢的是我的恩师楼水明，如果没有他的悉心教导，也就没有现在的我。”

陆光正凭借着他炉火纯青的木雕技术开始不停地创作惊艳海内外的作品，名气也越来越大。2014 年，亚太经合组织领导人非正式会议在北京召开，会场上的巨大木雕《锦绣中华》和雁栖湖国际会议中心会议厅 8 件壁挂《燕京八景》木雕作品就出自陆光正之手。该系列作品在经打磨工艺后，没有使用油漆，取而代之的是食用级别的蜡。使用食用蜡，既没污染，还在打磨工艺的基础上保留了树木天然的纹理和色泽，增加了作品独特的韵味。

在一般人的心目中，艺术家似乎总是一副不修边幅、邋邋遢遢的样子，但陆光正是国家级的工艺美术大师，与一般的艺术工作者还是有差别的。初见陆光正，一股非凡的气魄就迎面而来，他头发微白、红光满面，显得格外精神。白色的休闲装、米黄色的长裤，这样的一身朴素衣着在他身上却是如此不普通。2016 年 1 月，陆光正非遗精品馆开馆，这是国内首个以“非遗”之名建立的艺术馆。开馆当日，陆光正携弟子在创作室内种了一棵千年罗汉松，他希望弟子们努力学艺，将木雕技艺发扬光大。如今，陆光正的弟子中有省级工艺大师 11 名，中国传统艺术大师、中国木雕艺术大师、高级工艺美术师多名，都在木雕领域延续着文脉和工艺。

人物山水、花鸟虫鱼、庙宇宗祠、飞檐翘角，看似信手拈来，实则心手相合，得大造化。“灵山梵宫壁画雕刻”的恢宏之气，“三英战吕布”的飒爽英姿，“年年有余台屏”的设计之巧……一支笔、一把刀，含阴抱阳，推奇致平，构建了陆光正精彩纷呈的木雕艺术世界。陆光正对木雕艺术的热爱，成为一名木雕大师。因此，凡事应先有热爱，然后一门心思地专注于此，才能创造出辉煌的成就。

中国古代的工匠主要分为两种，即官匠和民匠。官匠的劳动属于义务性质，长年累月地为官府服役，却是没有报酬的。直到唐朝中叶以后，无偿应役的官匠才日益减少。到清代顺治二年（1645 年），匠籍制度被废除，官匠和民匠的区别才不复存在。由于官匠劳动具有强制性，有时甚至自己还要出钱（如明代要求工匠应役时自筹路费），而且官匠的地位世袭，不准迁移。因此，他们对待职业多是无可奈何的应付，几乎没有职业幸福感。民匠则不同，尽管职业卑贱，但他们不仅有人身自由，而且可以获得一定的报酬，在民间经济领域十分活跃。民匠最容易知足，从而产生幸福感，明代徐一夔《织王对》中的工匠如下：于僦居钱塘之相安里。有饶于财者，率居工以织。每夜至二鼓，一唱众和，其声欢然，盖织工也……过其处，见老屋将压。杼机四五具，南北向列。工十数人，手提足蹴，皆苍然无神色。进工，问之曰：“以余观若所为，其中劳也甚矣。而乐，何也？”工对曰：“此在人心。心苟无贪，虽贫，乐也；苟贪，虽日进千金，只戚戚尔。吾业虽贱，日佣为钱二百缗，吾衣食于主人，而以日之所人养吾父母妻子。虽食无甘美，而亦不甚饥寒。于自度以为常，以故无他思。于凡织作咸极精致，为时所尚，故主之聚易以售，而佣之直亦易以人，所图如此。是以发乎性情，出口而成声，同然而一音，不自知其为劳也。”

这里所写的织工显然是民匠。他们的工作有以下特点：工厂规模不大，只有十多个工人；环境很糟糕，在一间随时都可能倒塌的老屋里工作；劳动强度大，每晚都要工作到二更时分才能休息；劳动报酬不高，只能勉强养家糊口。这样的职业在常人看来是没有什么值得高兴的，然而他们却“一唱众和，其声欢然”。究其原因，就是他们从辛苦的劳动中获得了职业的满足感。这种满足感是一种心理体验。最难能可贵的是，他们“织作咸极精致，为时所尚”。在艰苦的环境中生产出高品质的产品，即便是为了追求更大的利益，但谁能说这不是一种工匠精神呢？难怪徐一夔感叹道：“工，知足者也。”

这样的工匠并非特例。《儒林外史》第五十五回中也专门写过一个市井“奇人”。此人是裁缝，姓荆名元，50 多岁。他不是一个普通的裁缝，每天工作结束后就弹琴、写字，甚至作诗。朋友们都不太理解，问他：“你既要做雅人，为什么还要做裁缝这行？何不同些学校里的人相与相与？”他道：“我也不是要做雅人，也只为性情相近，故此时常学学。至于我们这个贱行，是祖父遗留下来的，难道读书识字，做了裁缝就玷污了不成……而今每日寻得六七分银子，吃饱了饭，要弹琴，要写字，诸事都由得我，又不贪图人的富贵，又不伺候人的颜色，天不收，地不管，倒不快活?”这种不因职业“卑贱”而不快活的工匠才能轻装上阵，最终成为优秀的匠人。

当然，要成为技艺高超的工匠，除了热爱自己的职业，还必须有专注的精神。中国古代由于匠籍制度的限制，工匠们基本都是“术业有专攻”，再加上古代技艺的传授以家传为主，工匠们的手艺往往都是人生经验的积累，甚至是数代先人经验的累积。因此，古代工匠对技艺的专注是最值得当代技能人才传承学习的。例如，江南的擦漆油工在制作漆制品时，“纯用右拇指腘面著实推擦之，大约一点漆，著木擦至半小时。……是行工人始学时，每日必用羊肝石打磨其右拇指腘文，使平滑不棘，至著水不留痕为良技，且常保护右拇指不接触有色纸布等物。”古代匠人长期专注于一项技艺，不断总结经验，最终才能让个人技能独步天下，生产出精致的产品。

二、一丝不苟的态度与精益求精的精神

认真是一种强大的精神力量。做任何事情，只要有一丝不苟、严肃认真的态度、精益求精的精神，就能把事业不断向前推进。《诗经·卫风·淇奥》中写道：“如切如磋，如琢如磨。”这是以古人制作器物来比喻君子研究学问和陶冶情操的极致追求。“切”是把骨头制成器物，“磋”是加工象牙，“琢”是治玉，“磨”是把石头打磨成器物。诗中以工匠加工器物为喻体，说明工匠在加工器物时的严谨认真和极致追求。对此，朱熹说得很明白：“言治骨角者，既切之而复磋之；治玉石者，既琢之而复磨之。治之已精，而益求其精也。”这就是中国古代工匠精神的内涵之一，一直为工匠所认同和发扬，如《康熙江西志》卷二十七中所记载的景德镇御窑的工匠就是一丝不苟的典范：“各作工匠，倘技艺精熟，则烧造亦易成。六作之中，惟风火窑匠最为劳苦。方其溜火，一日之前固未甚劳，惟第二日紧火之候，则昼夜省视，添柴时刻不可停歇，或倦睡失于添柴，或神昏误观火色，则器有苦窳拆裂阴黄之患。盖造坯彩画始条理之事也，入窑火候终条理之事也。火弱则窳，火猛则债。……用看火作头四五名，烧火匠二名，每夜厂官亲临窑边巡督，编立更夫，并民快各五名，分定更筹，递相巡警，以察勤惰。至开窑时，器皿完好，厚赏旌劳。……他如工匠扛抬大器坯胎，须令谨慎。……故自洗补至入窑，必看坯胎堪否，然后盖匣封固，起火烧造。如绘画中小器，亦须细看，上下四周，有无疵缪，必体质完美，方可入窑。不然，则徒劳罔功矣。”

这段记录中所提到的景德镇制作瓷器的工匠有四种，分别是风火窑匠、烧火匠、扛抬大器坯胎的工匠和画匠。工匠们都必须十分小心，每个环节都一丝不苟，做到“体质完美，方可入窑”。如果其中一个环节出了问题，则所有人都徒劳无功。可见，保持一丝不苟的工作态度，不仅是对自己的工作负责，更是对别人负责，对整个产品

负责。随着工业的发展，产业分工不断细化，更需要一丝不苟的工作态度。例如，明清时期的染坊将本色布染成色布，落水、敲布、染布、重敲、重染、晒布等工序，而且每道工序的技术性都很强，如果操作不熟练，工作态度不认真，是不可能染出好布料的。

正是因为有一丝不苟的工作态度和对产品精益求精的精神，所以中国古代的能工巧匠层出不穷，甚至不乏大师级的工匠。例如，鲁班一生有许多非常实用的技术发明，成为后世很多行业的鼻祖，除了木瓦石匠外，搭棚、扎彩、玉器、皮箱、梳篦、钟表、编织、制盐、制糖等行业都奉鲁班为祖，定期举行各种纪念活动；规模宏大的水利工程都江堰的设计者李冰也是精益求精的代表。

中国古代设计巧妙、施工精密的伟大工程还有开宝寺塔。这座建于北宋皇祐元年（1049 年）的铁塔至今已有 900 多年的历史，历经地震 38 次、冰雹 10 次、风灾 19 次、河患 6 次、雨患 17 次，即便是在日军大炮的轰击下，仍然屹立不倒。铁塔的设计者预浩堪称伟大的工匠。据欧阳修《归田录》卷一记载："开宝寺塔在京师诸塔中最高，而制作甚精，都料匠预浩所造也。塔初成，望之不正而势倾西北。人怪而问之，浩曰：'京师地平无山，而多西北风，吹之不百年，当正也。'其用心之精盖如此。"工程的精妙不仅在于当下的美观实用，更要有前瞻性。

三、品牌意识与创新精神

高质量的产品是工匠的安身立命之本。产品的竞争力源于其质量，而质量是品牌打造的基础。因此，品牌成为高质量的代名词。但是，质量好的产品未必能成为品牌，"养在深闺人未识"的情况十分普遍，这就要求工匠应有品牌意识。当然，古代熟人社会的交易有"酒香不怕巷子深"的特点，但如果工匠技艺趋同、产品大同小异，是不利于树立品牌的。因此，工匠须以自身的特色技艺为基础，做出质量上乘的产品，并大力推广，使之成为品牌。

中国古代很早就有品牌的记载，《考工记》卷上说："郑之刀、宋之斤（斧头）、鲁之削（书刀）、吴粤之剑，迁乎其地，而弗能为良也。"这显然是地域品牌，但也说明这些地方的工匠各有擅长，在自己的职业领域都很有造诣，从而使本地的产品声名远扬。而且这些产品大多是不能复制的，换了地方就做不好。究其原因，除了受到原料产地的限制，更多的是各地工匠的技艺水平不同。到了宋代，由于商业的发达，品牌意识更加普及和深入。卖家和买家都有很强的品牌意识。据灌圃耐得翁的《都城纪胜》所记："大抵都下买物，多趋有名之家，如昔时之内前下家从食，街市王宣旋饼，望仙桥糕糜是也。如酪面，亦只后市街卖酥贺家一分，每个五百贯，以新样油饼两枚夹而食之，此北食也。……食有名存而实亡者，如瓠羹是也；亦有名亡而实存者，如瓮羹，今号齏面是也；又有误名之者，如呼熟肉为白肉是也，盖白肉别是砧压去油者。”这里所说的“有名之家”就是各种食品的品牌。有的食品由于手艺的独特性，全城只有一家，而且比较贵。此外，这里还提到几种有关品牌的情况，一是“名存而实亡者”，即空有品牌名称，实质则相去甚远；二是“名亡而实存者”，即品牌名称已不复存在，但质量还在；三是“误名之者”，即可能是一时的误会，也可能是“盗版”。

宋朝商业的发达推动了人们的品牌意识的提升。而且在发展趋势上，地域品牌逐渐发展为家族或个人品牌，如北宋京城孟家的道冠、赵文秀的笔、潘谷家的墨、彭家的油靴、宣家的台衣、顾四家的笛子、舒家的纸扎铺、童家的柏烛铺、徐家的扇子铺、纽家的腰带铺、张家的铁器铺、徐家的绒线铺、朱家的裱褙铺、游家的漆铺、邓家的金银铺等都十分有名。据说，歙州李家制的墨工艺独特，“遇湿而不败”，有钱人争相收藏；有一富裕人家藏有李庭圭制的一块墨，但不小心掉进水里，此人以为墨经水必坏，便懒得打捞，一个多月后，此人打捞一把金器时一并把墨也打捞上来了，发现该墨“光色不变，表里如新”。

当然，特定品牌所对应的产品并不是一成不变的，如果没有革新精神，不与时俱进，再好的产品终究会被淘汰。这正是当前美国苹果等著名品牌不断推出新产品的原因。中国古代的重要发明无不是勇于革新的结果。在古代众多著名工匠中，黄道婆的革新精神尤其令人称道。这位宋末时期的纺织能手不但有精湛的纺织技艺，还是一位伟大的改革家。通过对传统踏车的改进，她制作出了扎棉用的搅车，使籽落于内，棉出于外，极大地提高了纺织效率。在纺纱方面，传统纺纱车只有一个锭子，只能纺一根纱，而黄道婆改进后的脚踏纺车具有三个锭子，能纺三根纱，是同时期最先进的纺车，欧洲能纺两根纱的纺车是近500年后才出现。利用这种脚踏织布机能织出多种颜色的棉布。黄道婆对织布机的改进，对中国古代纺织工业的贡献十分巨大，而她的革新精神一直影响着后世的工匠们。

值得注意的是，尽管革新精神得到弘扬，但中国古代工匠的革新精神有时并非是他们的主观意愿，尤其是没有人身自由的官匠，他们革新的动力往往来源于统治者对新产品需求的压力。例如，杨贵妃就曾精选许多技艺高超的能工巧匠按照自己的欲望和喜好要求织工造出各种稀奇古怪的织品。这样的技术革新令人既欣喜又心酸。

四、对“道技合一”境界的追求

“道”是中国古代一个十分重要的哲学概念，其含义非常复杂。从字形上看，“道”字为一个人头（象征着一个人），朝着道路上的某处走，因此是“道”“正道”。这说明

“道”是一种带有方向性和目的性的活动，而不仅仅是静态的“路”。因此，“道”可以引申为实现特定目的的途径和方法。在哲学层面，“道”是中国哲学的最高范畴，“它是一个终极实在的概念。它是整体性的，在本质上既不可界定也不可言说，不能以任何对象来限定，也不能将其特性有限地表达出来。它是不受局限的、无终止的一切事物的源泉与原始浑然的总体。”这显然是从本体论的层面来认识“道”的。从认识论的方面来看，“道”还指万物运行的客观规律，这种规律可以认识和体悟，但不以人的意志为转移。“道”是“万物之奥”（《老子》六十二章），深藏不露，不能违背。有学者认为，“道”还是一种信仰和追求，“以此信仰为基点，增添了人们探索世界、征服自然、人生奋斗的精神动力和支柱，从而创造了一系列物质文明和精神文明。”

与“道”相对，“技”是有形的，是具体的途径和方法，西晋郭象认为“技”是“万物之末用”。在儒家看来，“技”是微不足道的，在《论语》中，孔子的学生樊迟“请学稼”“请学圃”，孔子以轻蔑的口吻说自己种庄稼不如老农民，种蔬菜不如老菜农。在孔子看来，樊迟要学的行为是小人的行为，“上好礼，则民莫敢不敬；上好义，则民莫敢不服；上好信，则民莫敢不用情。夫如是，则四方之民襁负其子而至矣，焉用稼？”（《论语·子路》）礼、义、信才是值得认真学习的“道”。对于“道”，孔子的态度则是“朝闻道，夕死可矣！”（《论语·里仁》）。在先秦诸子中，只有墨子对“技”予以重视，他在几何学、力学、天文学、军事科技、土木工程等方面都有超拔特出之处，与当时重“道”轻“技”的风气迥然不同。庄子作为道家学派的代表性人物，更侧重于对“道”的论述，在他的论述中，“技”始终是体悟“道”的重要途径，拥有高超技艺的人（如庖丁等）的终极目标正是对“道”的体悟。这种“道技合一”的境界显然是工匠们一种至高的精神追求。

因为“技”是体悟“道”的途径和方法，所以对“技”的掌握程度及理解的差异将直接影响工匠能否抵达“道”的高度。可以说，对工匠而言，掌握高超的技艺是体悟“道”的基本前提，但这并不意味着因此就可以体悟到无形的、难以言表的“道”。在中国古代的工匠中，有着高超技艺的人不少，如宋代的潘谷不但善于制墨，而且鉴赏能力很高，能达到“揣囊知墨”的程度。《太平广记》卷八十四中记载了一个名叫奚乐山的木匠，他手艺了得，所做器物十分精妙，锱铢无失，达到“众共惊骇”的程度。纺织工也有很多技艺高超的，据《旧唐书·五行志》记载，唐中宗李显的女儿安乐公主有一件毛裙子，“合百鸟毛，正看为一色，旁看为一色，日中看为一色，影中看为一色，百鸟之状，并见于裙中”，普通的手艺人是织不出如此精美的裙子的。但是，无论是潘谷、奚乐山还是技艺高超的纺织工，都尚未达到“道技合一”的境界，因为他们并未从自身手艺的习得过程中体悟出“道”来，只能说他们已经有了体悟“道”的条件。

技艺的提升不是“道技合一”的目的，“道”的真谛需要通过“技”的过程来体悟；同时“技”的炉火纯青也需要通过对“道”的认识和体悟来促进，从而达到“道技合一”的境界。庄子笔下的工匠庖丁，他为文惠君解牛，“手之所触，肩之所倚，足之所履，膝之所踏，砉然响然，奏刀騞然，莫不中音。合于《桑林》之舞，乃中《经首》之会。”文惠君对庖丁高超的技艺赞不绝口。但技艺并不是庖丁解牛的妙处，深刻的认识和体会才是关键，庖丁“所好者，道也，进乎技矣”。当然技艺的提升是他对“道”深刻认识的前提，从开始学习解牛时的“所见无非牛者”，到经过三年的训练“未尝见全牛”，再到最后“以神遇而不以目视，官知止而神欲行”，达到“依乎天理”的水平。每次解牛之后，庖丁都“提刀而立，为之四顾，为之踌躇满志”。这正是由解牛实现自我的超越与升华。在庄子笔下这样的人物还有很多，如梓庆、轮扁等都是由“技”入“道”，从而实现“道技合一”。达到“道技合一”的境界正是古代工匠实现自我的终极追求，而实现者可谓之大师也。①

第四节　新时代的工匠精神

随着中国特色社会主义进入新时代，我们比以往任何时代都更加渴求工匠精神。2016 年，国务院政府工作报告首次将“工匠精神”写入其中，并指出“鼓励企业开展个性化定制、柔性化生产，培育精益求精的工匠精神，增品种、提品质、创品牌”，这是呼吁工匠精神回归的总动员。新时代呼唤工匠精神，只有当工匠精神渗透到全面创新的每一个行业和领域，才可以说我们的国家走上了大国崛起的梦想之路。

一、工匠精神正在促进中国制造业实现质的飞跃

制造业是国民经济的支柱，高端制造装备是大国重器。党的十八大以来，党和国家对中国制造转型升级十分重视。由“中国制造”向“中国创造”转变，由“中国速度”向“中国质量”转变，由“中国产品”向“中国品牌”转变，各种蓝图已经绘就，奋进的号角正在吹响。中国制造呼唤工匠精神，大国崛起需要大国工匠。工匠精神正是中国制造急需的精神支撑。

---

① 邓喻心，宋光俊，苏健．工匠精神读本［M］．长春：东北师范大学出版社，2020．

二、工匠精神是实现“制造强国”战略目标的关键

要实现十四五规划提出的制造强国的战略目标和任务，从“制造大国”向“制造强国”转变、从“中国制造”向“中国智造”升级，必须培养符合产业人才需求的技术工人队伍，培育和弘扬工匠精神，让工匠精神成为技术工人成长的助推器。高铁施工现场，工人们冒着严寒酷暑夜以继日地工作，一条条铁路使天堑变通途；建筑工地上，工人们挥洒汗水，一幢幢高楼拔地而起；实验室里，工程师们挑灯夜战，一项项科技成果应运而生。工匠精神让世界见证中国经济奇迹的同时，也惊叹于中国速度。连接粤港澳、横跨伶仃洋、全长 55 千米的世界第一跨海大桥——港珠澳大桥已经合龙，这个世界级超大型跨海交通工程，集聚着上万件专利，凝结着建设者的心血和智慧，成为中国制造的一个代表作。

从国家重大工程、重点项目到产业升级、生活用品，中国制造带来的知识产权和新产品正不断镌刻着中国印记，改变着世界对中国的印象。就像英国广播公司记者感叹的那样，中国已经不再是那个只能批量生产他国创新产品的国家了。印有“MADE IN CHINA”字样的优质产品正越来越受到国外消费者的青睐。2017 年 5 月，“一带一路”国际合作高峰论坛举办期间，中国高铁成为 20 多个国家青年票选出的“新四大发明”之一，成为他们最想带回家的“中国特产”。党的十八大以来，中国高铁不仅运营里程超过 2.2 万千米，还将轨迹延伸到全球 102 个国家和地区。不仅中国高铁，国际市场上一系列中国制造也异军突起，以高性价比、高技术含量、高质量的产品参与国际市场竞争，海外“粉丝”群体正变得越来越庞大。

近年来，我国制造业自主创新“成绩单”令人瞩目，中国制造正在塑造自己的高端竞争力。中国高铁、国产大飞机、“嫦娥五号”、超级计算机、量子卫星等，这样的突破越来越多，集腋成裘、聚沙成塔，不断为中国制造书写新的高度、铸造新的辉煌。我国自主设计制造的喷气式支线客机 ARJ21，首次搭载北斗卫星导航系统测试试飞成功。北斗系统第一次用于民航，国产客机第一次“触电”北斗，其所释放出的产业化前景令人期待。尤其是国产大型客机 C919 首飞成功，成就了几代人的凌云壮志，迈出了国产大飞机翱翔蓝天的关键一步，成为我国民用航空工业发展的重要里程碑。但国产大飞机“首秀”的背后，凝聚了几代航空人数十年如一日的汗水，也彰显着中国制造的价值思维和工匠精神。当前，在加快制造强国建设过程中，还是要将工匠精神融入现代产业工人技能培养中，夯实基础，补齐短板，加快形成中国制造新优势，打造中国制造新名片。

三、新时代更需要工匠精神

从目前中国的经济形势来看，由于中国的实体行业缺乏竞争力，中国的实体经济正处在持续下滑的阶段，而工匠精神的缺失是导致这一现状的重要原因。在改革开放40多年的发展形势下，中国的制造业在一定程度上缺乏工匠精神是客观存在的社会现实。如今，在中国特色社会主义进入新时代的关键时期，中国制造要有大作为，工匠精神更是不可或缺。只有不断加大创新和设计投入，才能应对新挑战，获得长远发展的新动力，在世界舞台上挺起脊梁；只有培育众多大国工匠，打造更多享誉世界的中国品牌，才能顺应中国经济发展新要求，进入高质量发展的新时代。中国现在的经济规模是足够大了，但发展速度也降下来了，这时候更需要大力弘扬工匠精神。从中国未来的发展进程来看，工匠精神也必将成为我们实现一百年奋斗目标、中华民族伟大复兴的中国梦所不可或缺的强大助力。

（一）新时代，提升学生管理水平需要工匠精神

在新时代，“工匠精神”的传承教育越来越受到重视，成为先进制造业人才培养的热词。职业教育工作研究人员发现，不仅制造行业需要工匠精神，学生管理同样需要工匠精神。不论是解决当前学生管理工作本领不足，还是着眼于适应服务型学生管理建设的趋势，都应该大力倡导工匠精神。把工匠精神融入学生管理工作，是学工人员全面履行职责、实现全心全意为人民服务宗旨的必然要求。学管系统要始终坚持高标准、严要求的工作作风，以实际行动践行工匠精神，要将学生管理服务与互联网有机结合，改革创新，以全面深化改革为契机，以学管服务体系建设为主要载体，建设服务型学管系统。全力推进治理体系和治理能力的现代化，要构建分工清晰、各级联动、运行规范、管理一体、体验一致的学管服务网络，以工匠精神为驱动，全面提升学管服务水平。

（二）新时代，企业发展需要工匠精神

工匠精神要求将技术发挥到极致，要求精雕细琢到完美，这是企业发展的不竭动力。随着我国进入经济发展方式转型和产业结构升级的重要阶段，传承和培育工匠精神，成为推进企业高质量发展的必然要求和现实路径。企业经济要创新发展，企业产业链要转型升级，就要适应广大消费者日益增长的物质和文化需求；企业在人们追求更高品质生活的时代潮流中，就必须进行工匠精神的传承培养，大力提倡爱国敬业、精益求精的工匠理念。国内制造业企业如果想提升自己在国际上的竞争力，成为品牌

国际价值的有力竞争者，就必须培养基层员工的质量意识，坚守职业素养，增加员工对工作的职业认同感和责任感，崇尚工匠精神，自我严格约束，主动提升自己的职业技能来促进企业的发展。这不仅是我国制造业转型升级的改革需要，同时也是我国制造业由“制造大国”向“制造强国”进行转变，实现中国制造业崛起的有效途径。

（三）新时代，个人成长需要工匠精神

每一个人在自己平凡的岗位上，以工匠精神作为自己的理想信念，细心打磨每一件作品，在烦琐、枯燥的工作中追求卓越，必将在各自的岗位上大放光彩，成就自我，作出不平凡的贡献。邓稼先隐姓埋名潜心核研究30载，南仁东贵州研发“天眼”20余年，屠呦呦历经数百次实验失败发明青蒿素，黄旭华不畏个人安危成功研制中国的核潜艇，这些都充分体现了行程万里不忘来路、饮水思源不忘初心的执着情怀。这“初心”是对祖国的赤子之爱，更是永不言弃的工匠精神。“蛟龙入海”“墨子升空”等，这些大国重器彰显了我国科技腾飞的硬实力，也彰显了我国新时代工匠大师的软实力。工匠精神激励人才奋进，是个人成长之基。百年征途谋新篇，雄心壮志启航程，未来的我们要以他们为榜样，始终保持匠心本色，立足本职工作，将工匠精神传承接续、发扬光大。

四、工匠精神具有新的时代内涵

（一）工匠精神源于工匠，高于工匠

工匠精神作为现代制造业所推崇认可的时代精神，随着时代的发展，其时代内涵具有更丰富的发展。新时代的工匠精神不仅存在于制造业，也存在于服务业之中，不仅存在于物质生产，也存在于精神生产，是整个社会从业者崇尚职业精神、认可技艺匠人的最高境界。当前，我们所推崇的工匠精神既是基于对过去传统工匠职业伦理和职业精神的理解，又被赋予了新的时代内涵。新时代工匠精神的基本内涵，主要包括爱国敬业、心无旁骛的精神，一丝不苟、精益求精的精神，道技合一、传承创新的精神这三个方面的内容。

（二）工匠精神是一种爱国敬业、心无旁骛的精神

作为一名中国人，我们都应该爱国，而作为一名劳动者，我们又必须做到敬业。爱国敬业是我们每个人都必须具备的基本素质。敬业其实也是一种爱国情怀，敬业精神能体现爱国之情。古今中外，凡是成就伟业者，无一不是敬业者。爱国本身是一个

较宽泛的概念，但爱国行为却必须能够落实、落细、落小，爱国不只是一句空洞的口号，而是要转化为个人的实际行动和日常操守。爱国最基本的要求就是要做到爱岗敬业，而爱岗敬业就是爱国的抓手、着力点、落脚点。爱岗和敬业，互为前提，相互支持，相辅相成。

（三）“爱岗”是“敬业”的基石，“敬业”是“爱岗”的升华

爱岗就是要求我们干一行，爱一行，热爱自己的工作，热爱自己的岗位。一个人无论从事什么行业，首先要热爱自己的职业。敬业就是要一个人用尊敬负责的态度对待自己所从事的工作，要勤勤恳恳，兢兢业业，认真负责。提倡爱岗敬业，热爱本职，并不是要求人们一辈子只能干一行、爱一行，也不排斥人的全面发展。它要求工作者通过本职工作，在一定程度上和范围内做到全面发展，不断增长知识、增长才干，努力成为多面手。我们不能把忠于职守、爱岗敬业片面地理解为绝对地、终身地只能从事某个固定职业，而是应该干一行就爱一行。因为只有热爱工作，才能专注岗位，并为之努力、为之付出，工匠精神也就映现于此。为磨炼一技之长，用心付出，全情投入，最终会成为专业的领航、技能的代表、岗位的能人。只有为岗位、为专业投入真情实感，用心去专注每一个细节、反复磨炼每一个操作、认真解决每一个问题，努力提高专业技能，这才是修炼工匠精神的精髓。工匠，大部分是工作在一线、普普通通的工人，但他们没有因此轻视自己的工作，而是干一行爱一行，爱一行专一行，数十年如一日，不断追求职业技能的极致化。他们耐得住清贫和寂寞，凭着专注与坚守，创造出一个又一个的传奇。

（四）工匠精神是一种一丝不苟、精益求精的精神

工匠精神很重要的体现就是一丝不苟的工作态度和精益求精的精神。一丝不苟、精益求精的精神理念一直是我们民族的优良传统，自古就有“差之毫厘，谬以千里”的成语，《庖丁解牛》中的庖丁、制造大师鲁班、《核舟记》中的奇巧人，无不是这一精神的典型代表。而当前我们的时代已逐步进入“零误差”时代，即使局部、微小的误差和疏忽，也可能铸成大错，甚至导致我们整个事业的失败，因而，工匠精神在这个时代也更加具有现实意义。顾名思义，精益求精，是指一件产品或一种工作，本来做得很好了，很不错了，但还不满足，还要做得更好、达到极致。一个人之所以能够成为“工匠”，关键在于对产品质量的追求不是暂时的，而是持之以恒地追求产品质量的完美，不惜牺牲自己更多的时间和精力，不断地重复进行产品的改进，努力提升产品品质，完成从99%到99.9%的提升，再完成到99.99%的飞跃。

工匠们的字典里，精益求精被理解为“没有最好，只有更好”这八个字。当日夜重复着相同的工作时，他们仍然没有停止对创新的追求，而是在工作岗位上精益求精、追求完美，从不放过任何一个细节。一丝不苟、精益求精，是获得各类“工匠”荣誉称号的工人的共同特点，这也是他们能在国内外各种技能大赛中披荆斩棘、英勇夺魁的重要原因。

（五）工匠精神是一种道技合一、传承创新的精神

“道技合一”是指对“技”的超越，对“道”的践行，不仅仅是纯粹的技艺活动，更是一种感悟，最终达到“天人合一”，追求高境界的“道”。工匠精神不仅是一种日常工作态度，更是一种人生境界的追求，这需要新时代人们深刻领悟和积极践行。工匠精神的传承是一直被强调的，这不仅是一种合理的选择——在封闭的社会环境中，知识、经验、技能、生产工具及模式的传承几乎完全依靠先辈的口口相传，没有了父辈经验的传承，相关技术也就失传了；同时这种传承价值判断和伦理的要求，一方面相关要求内化成匠人品格，另一方面又把这种对传统的传承外化为尊重和权威。新时代工匠精神重点关注的则是在传承基础上的创新，这种传承性的创新，则成为工匠精神的首要价值。一个成功的工匠，往往会在行业萎靡时，依靠创新来改变颓势。只有在前人经验基础上的总结创新，才能随着技术的进步，不断完成产品的迭代升级，使产品满足社会技术发展和人们日益增长的对美好生活的需要。

当前科技的飞速发展给这种传承性创新提供了更好的基础，多样化的产品需求为新产品的创新提供了源源不断的动力，而新产品功能的不确定性又促使产品创新成为解决人民需求的首要方案。因此，“道技合一、传承创新”精神的有无，是一名产业工人成为合格工匠的重要标准。随着我国逐渐从世界工业大国成为世界工业强国，爱国敬业、精益求精、传承创新的工匠精神培育，对于十四五规划制造强国战略目标的顺利完成具有重要意义。我们只有精准把握新时代工匠精神的基本内涵，并把育匠人、树匠心的共识和观念深入人心，才能持续不断地推进中国制造的“品质革命”。

五、以实际行动践行工匠精神

在党的十九大报告中习近平总书记强调：“中国特色社会主义进入新时代，我们党一定要有新气象新作为。”新时代的新作为之一就是弘扬工匠精神，不断开拓创新。每一位劳动者都要用自己的实际行动来践行工匠精神，这既是时代的召唤、全社会的期待，更是建设知识型、技能型、创新型劳动者大军的必然要求，也是建设社会主义现代化强国、实现中华民族伟大复兴中国梦的源头活水。近年来，中兴通讯和华为遭遇

美国的芯片斗争打压，在全社会引发深入讨论，“缺芯少魂”的问题，再次严峻地摆在人们面前，呼唤工匠精神的声音不绝于耳。只要整个社会共同参与、共同努力，工匠精神必将成为中国精密制造转型升级的精神力量。

新时代是奋斗的时代。中联重科副总裁兼总工程师付玲、中国航发特级技师邓元山、湖南兵器高级钳工刘建伟、“最美青工匠”邹彬、“泥巴博士”郝鹏、“电焊花木兰”易冉、江麓机电集团首席技师唐银波、制作神舟飞船精密零件的“数控湘女第一人”杨芳、中国中车长春轨道客车股份有限公司“高铁焊接大师”李万君，以及上海飞机制造有限公司圆梦“大飞机”C919的总装车间全体职工等一批一线劳动者典型从无数工匠中脱颖而出，用他们的奋斗与追求树立起一面面光辉的旗帜。以上新时代的优秀工匠代表都是工作在与国家科技发展、人民幸福生活直接相关的重要行业和领域。他们都是平凡工作岗位上的劳动者，在自己点点滴滴的实际行动中诠释着工匠精神。因此，对于生活在新时代的我们来说，这些优秀的工匠代表是值得我们学习的榜样，我们也应该在工作和生活中始终保有匠心、坚持匠心、传承匠心，在做好自身本职工作的基础上将工匠精神继续发扬光大。

当前，新一轮科技革命和产业变革正在加速演进，不论是改造传统制造业还是培育新兴制造业，不论是壮大工业经济还是发展数字经济，工匠始终是一支不可或缺的重要力量，工匠精神始终是创新创造的精神源泉。2020年9月习近平总书记考察湖南时，对湖南提出了打造“三个高地”、践行“四新”使命等重要指示。牢记习近平总书记殷殷嘱托，大力实施“三高四新”战略、奋力建设现代化新湖南，我们比以往任何时候都更需要技能人才、工匠人才的贡献，比以往任何时候都更需要工匠精神的滋养。奋进新时代，只有始终保持不驰于空想、不骛于虚声的奋斗精神，才能留下我们每个人浓墨重彩的一笔；只有坚持不懈，把工匠精神落到实处，才能创造出一个个让人惊叹的发展奇迹。新时代属于每一个人，让我们在工匠精神的激励下，遇见更好的自己，把握更好的未来，以实际行动为中华民族的伟大复兴贡献力量。①

① 王金兰．新时代工匠精神培育研究［D］．临汾：山西师范大学，2018.

第二章　工匠精神的历史地位与时代价值

在我国现阶段，工匠精神是指在中国共产党领导下，工匠所展现的一种蕴含爱国敬业、心无旁骛、一丝不苟、精益求精、道技合一、传承创新等丰富内涵的综合职业素养和精神品质。它是中国共产党革命精神谱系中的重要一支，在不同的历史阶段都发挥了重要作用，具有不可替代的历史地位。经过不断的传承与创新，工匠精神不仅没有过时，反而历久弥新，更加彰显着深刻的现实意义和时代价值。

第一节　工匠精神的历史地位

“人无精神则不立，国无精神则不强。精神是一个民族赖以长久生存的灵魂，唯有精神上达到一定的高度，这个民族才能在历史的洪流中屹立不倒、奋勇向前。”工匠精神正是支撑中华民族发展的强大精神之一。作为中国共产党人红色基因和革命精神谱系的一个重要组成部分，它无论是在革命时期、建设时期，还是改革时期，都发挥了重要的作用。

一、为赢得革命胜利提供了坚实后盾

革命时期，半殖民地半封建的中国处于内忧外患、水深火热的黑暗境地。为了推翻帝国主义、封建主义和官僚资本主义这三座大山的压迫，中国人民在中国共产党带领下英勇地开展了一系列不屈不挠的革命斗争。在此期间，工匠精神从实物形态和精神形态两个层面上为赢得革命斗争胜利提供了坚实后盾。

从实物形态来看，工匠精神为赢得革命胜利提供了坚实的物质后盾。工匠精神需要诉诸工匠这个实践主体才能发挥作用，正是在工匠精神的哺育下，产生了一批批杰

出的工匠，他们无惧艰苦、爱国敬业，为革命作出了重要的贡献。一方面，在工匠精神的鼓舞之下，工匠们积极生产军需物资、支援革命斗争。毛泽东在《中国革命战争的战略问题》一文中指出："战争的胜负，主要地决定于作战双方的军事、政治、经济、自然诸条件，这是没有问题的。"战争建立在客观的物质基础之上，而这些客观的物质基础主要是由工农来提供的，冲锋陷阵的战士背后是工农强大的支援力量。为了及时提供枪炮、弹药、梭镖、大刀、油料、军衣、军被等物资，工匠们奋战在军工、钢铁、机械、化工、纺织等各个领域，夜以继日、不辞辛苦地抓紧生产。并且，在物资相对匮乏的条件下，他们也绞尽脑汁地反复尝试各种方法来改进工艺，以节约资源、提高质量，竭尽所能地保障前线的物资供给。另一方面，在工匠精神的鼓舞之下，工匠们也积极发展根据地经济，改善群众生活。革命时期也有建设，在开展革命斗争的同时，中国共产党也领导工匠们积极进行经济建设和生产运动，制造布匹、农具、食盐、药材、货币、纸张、糖等各种日常用品，极力满足人民群众的生存需要。埃德加·斯诺于1936年造访红军在陕北的根据地时说道："在这个中世纪的世界里，突然看到了苏区的工厂，看到了机器在运转，看到了一批工人在忙碌地生产红色中国的商品和农具，确实使人感到意想不到。"在艰苦卓绝的环境中，工匠们的这些生产在一定程度上缓解了群众的生活困难，改善了根据地的经济状况，帮助中国共产党密切了与群众的联系、赢得了民心，从而把根据地建设成为坚实的大后方。

从精神形态来看，工匠精神为赢得革命胜利提供了坚实的精神后盾。"为有牺牲多壮志，敢教日月换新天。"革命时期的无数仁人志士为了实现民族独立和人民解放，义无反顾地投身到波澜壮阔的革命斗争中，奉献自己的青春年华，展现出了崇高伟大的革命精神。而这种革命精神具有多种表现形式，无论是在前线冲锋陷阵，还是在战后默默支援，都是在为革命斗争而鞠躬尽瘁，都是对革命精神的孕育和彰显。埃德加·斯诺在谈到苏区工人时说道："他们即使缺乏社会主义工业的物质，却有社会主义工业的精神！"革命时期的工匠们树立了坚定的理想信念，对革命事业恪尽职守，充分展现出忧国忧民、克己奉公、艰苦奋斗、乐于奉献、顽强不屈等政治觉悟和革命意志。这既是工匠精神在革命年代的有力体现，也是革命精神在工业领域的集中表露。因此，可以说，工匠精神丰富了革命精神的内容和形式，在精神层面有力地推动了革命斗争的发展。

二、为社会主义建设提供了强劲动力

建设时期，新中国逐渐从一穷二白、百废待兴的困境中走出来，展开了一幅变农业国为工业国的宏大蓝图，掀起了轰轰烈烈的社会主义建设热潮，取得了诸多成就。

在这个过程中，工匠精神为其提供了强劲的动力。

工匠精神激励我国独立自主地探索社会主义工业化道路。新中国成立初期，国家的工业发展受到了苏联的援助。但是，随着中苏关系的日趋紧张，1960年，苏联中断援助、撤走专家，并废除了关于经济技术合作的各项协议，加之帝国主义对中国实行封锁和孤立政策，导致我国工业发展陷入了几乎被隔绝的恶劣态势。在这种艰难境地中，工匠精神就成为我国抗击巨大压力、推动工业发展的强劲动力。受工匠精神的激励，中国工人们直面困难、奋发图强、鼓足干劲、团结一致，更加坚定了自主探索工业化道路的决心，并勇敢地踏上了独立研究、独立制造的艰辛路途。他们凭借着高超出色的技艺与对精益求精的追求，成功克服了设备、技术、环境等种种困难和局限，取得了一个又一个新突破，从而壮大了中国力量，令世界刮目相看。

工匠精神推动社会主义工业体系的初步建立。工人是社会主义工业化建设的主力军，因此，社会主义工业体系的建立与工人们的真诚投入、与伟大的工匠精神是密不可分的。新中国成立后，工人阶级成为国家的领导阶级，虽然面临着工业落后、结构失衡的严峻挑战，但他们仍然勇敢无畏地承担起了发展工业的重担，认真贯彻党的建设路线，发挥自己的先进性，以诚实的劳动、顽强的拼搏、创新的思维、精湛的技艺，展开了可歌可泣的奋斗历程，谱写出一首首壮丽的工业史诗。工匠精神不仅促进我国新建和扩建了一批重要企业，推动了飞机、汽车、电子、石油化工、原子能、冶金、采矿等各个行业的发展，填补了很多新中国成立前缺失的空白，加强巩固了许多薄弱的环节，而且促进了工业产值大幅度增长，初步建立起独立的比较完整的社会主义工业体系，从而为我国社会主义现代化建设奠定了一定的物质技术基础。其间，我国还制定并逐步完善了企业八级技术等级制度，一句歇后语“八级工拜师——精益求精”就可以反映出建设时期的工人们对工匠精神的执着坚守。

工匠精神引领形成“干一行、爱一行、钻一行”的社会风尚。建设时期涌现出了许多优秀的工匠及工匠精神，比如，倪志福展现出反复研究试验钻头的那种精益求精的工匠精神，南京长江大桥的建造者展现出奋力实现“长江天堑变通途”的那种爱国敬业的工匠精神，等等。在这些工匠和工匠精神的引领下，社会形成了“干一行、爱一行、钻一行”的时代风尚，各行各业的员工都受到了强烈的感召与鼓舞，纷纷展示出前所未有的建设热情，调动起巨大的积极性、主动性、创造性，全力以赴奋战在自己的工作岗位上，把青春和才能自觉地奉献到实现祖国繁荣富强的行动中。这种意气风发、积极进取的精神面貌是历史上中国人民最好的面貌之一，至今仍不断被感怀与称颂。

三、为推进改革开放提供了有力支撑

十一届三中全会的召开，开启了我国改革开放和社会主义现代化建设的伟大征程。改革开放以来，我国解放思想、实事求是，明确提出党在社会主义初级阶段的基本路线，确定了社会主义现代化建设“三步走”发展战略，实行社会主义市场经济体制，不断坚持和发展中国特色社会主义，增强了综合国力，提升了国际地位。在这个阶段中，工匠精神为推进改革开放提供了有力的支撑。

工匠精神推动社会主义工业向市场化转型发展。改革开放之后，中国逐渐打破计划经济体制而实行社会主义市场经济体制，进一步敞开国门、扩大开放，并且由单一的公有制转变为以公有制为主体、多种所有制经济共同发展的基本经济制度。在这种利益关系深刻调整的变革进程中，工匠们生动地展现出思想解放和观念革新的活跃面貌，勇于担当起推动社会主义工业向市场化转型发展的新任务，主动探索适应市场经济发展的新路径，积极重构工业发展战略，激发劳动活力，传承创新技术，促进了工业快速增长。这不仅深刻改变了中国工业的发展面貌，也对整个世界的工业化进程和经济发展产生了深远影响。

工匠精神推动中国高科技产业的迅速发展。改革开放之后，党和国家的工作重心转移到经济建设上，并积极发展高科技产业。高科技产业属于知识密集型和技术密集型产业，既要求提高核心技术的自主创新能力，同时也对具体操作的精准度有着很高的标准，而这离不开工程科技工作者们一颗颗细致专注的心。在工匠精神的鼓舞下，工程科技工作者只问耕耘、不问收获，把使命牢牢地记在心间，默默无闻地勤劳付出，广泛吸收经验，潜心钻研技术，谨小慎微试验，认真打磨细节，推动信息技术、核工业、航天航空、高铁、生物医药、新材料、新能源等行业取得了举世瞩目的成果，扩大了我国在国际上的影响力。以高铁的修建为例，在工匠精神的支撑下，自 20 世纪 90 年代起，我国对高铁进行了一系列科学研究与技术攻关，2002 年 12 月，中国自主研究、设计、施工、目标速度 200 千米/小时的第一条铁路客运专线——秦沈客运专线建成；2008 年，中国开通运营了第一条 350 千米/小时的高速铁路——京津城际铁路；发展到 2012 年，我国投产高铁新线共 2722.5 千米，哈大、京石武、合蚌等高铁开通运营，具有世界先进水平。至 2019 年底，中国高速铁路营业总里程达到 3.5 万千米，居世界第一。

工匠精神推动中国成为名副其实的世界工厂。改革开放以后，中国工业逐渐走出国门，不断增加出口，尤其是 2001 年中国正式加入世界贸易组织后，更加扩大了开放程度。从中国出口额占世界出口总额的比重来看，呈现出逐年递增的趋势，而其中主要的出口额是由工业制成品贡献的；从中国工业制成品的出口值与进口值的比较来看，从 20 世纪 90 年代中期开始，出口值不仅高于进口值，而且二者的差距越来越大；从中国企业发展的情况来看，中国企业不仅出口产品，还到其他国家投资建厂，特别是进入 21 世纪之后，走出国门的企业越来越多。这些发展情况表明，中国已经成为名副其实的世界工厂。那么，在异常激烈的国际竞争中，中国何以能够脱颖而出呢？其原因就在于我国具有强大的制造能力。而如此强大的制造能力，是由无数爱国敬业的工匠们支撑的，是由工匠们不断勇于创新、改进技术、降低成本、精益求精的实践支撑的，是由强大的工匠精神支撑的。①

第二节　工匠精神的时代价值

工匠精神不仅被写入连续四年的政府工作报告以及党的十九大报告中，而且被党和国家领导人多次在不同的场合反复提及，由此可见，工匠精神已经上升到治国理政的高度，引起了全社会的广泛关注和强烈反响。这既与时代对这种精神的需要与渴求分不开，也与工匠精神对时代的重要价值和深远意义分不开。进一步来说，工匠精神的传承和发展契合了时代发展的需要，对于丰富中国精神、塑造中国风尚、提升中国实力等都具有重要的意义。

一、有助于丰富中国精神、凝聚中国力量

中华民族在伟大的社会实践中形成了伟大的中国精神，其基本内容是以爱国主义为核心的民族精神和以改革创新为核心的时代精神。而工匠精神就以其丰富内涵和独特品质，既丰富了民族精神的内容，又丰富了时代精神的内容，凝聚起了中国力量。

（一）工匠精神彰显的爱国主义内涵

工匠精神中所蕴含的爱国敬业、精益求精的品质，彰显了爱国主义的内涵，丰富了民族精神的内容，凝聚起了中国力量。中华民族形成了以爱国主义为核心的民族精神。爱国主义是指人民对祖国极其忠诚和热爱的深厚情感，它深刻反映了个体对民族利益的自觉认同和对国家使命的责任担当，激励着一代又一代的中华儿女为实现祖国的发展繁荣而不懈奋斗。围绕爱国主义这个核心，民族精神中还包含着团结统一、爱

① 王久成．工匠精神论［M］．北京：国家行政学院出版社，2018．

好和平、勤劳勇敢、自强不息等其他内容。而中国工匠们就以自己的真诚劳作和独具匠心，创造出了一件件闪烁着智慧的经典作品，在赋予民族文明以实体形态的同时，也铸就了具有深远意义的工匠精神，彰显了爱国主义的内涵，丰富了民族精神的内容，凝聚起了中国力量。

工匠们以技术报国的理想志气彰显了爱国主义的内涵。爱国不分职业，无论是成就卓越的科学家、博学睿智的教授，还是技能熟练的工人、辛勤耕作的农民等，只要兢兢业业做好自己的本职工作，只要工作成果有助于满足社会和人民的需要，有助于国家富强、民族振兴、人民幸福，就是爱国。工匠们正是将这种爱国情怀体现在技术报国的理想志气中，凭借自己高超的专业技能，严加把控质量，通过为用户提供性能优异的产品和服务，在各个行业作出了重大贡献，书写出了精彩的爱国篇章。在他们眼中，职业不仅只是一个赖以谋生的必备工具，更是一个值得坚守、不懈追求的目标本身；不仅只是一件必须完成的差事，更是一个需要认真相待、承载着人生价值与社会价值的重要使命。可以说，工匠们的这种爱国丝毫不逊于其他职业。

工匠们以造福人民的责任担当彰显了爱国主义的内涵。工匠们所从事的职业与人民群众的生活息息相关，与国家的繁荣富强紧密联系。正是在这样的责任感和使命感的驱动下，他们切实领悟到工作所具有的重要价值与意义，进而乐于将自己的全部真情投入劳动中，按照规范将误差控制到理想状态，甚至是万无一失、百分百合格地完成每一个零件、每一道工艺、每一次组装，勇敢地承担起发展社会民生、助力国家圆梦的重大责任。更令人感动的是，在一些危险岗位上，他们以一身犯险而保大业安全，以一人之力而系万民康乐。正如《大国工匠》纪录片中，行走在特高压线上的王进所说："我不会觉得我是英雄，因为我只是个工人，一个带电作业工人，就是能够保障可靠用电，让所有老百姓每时每刻都可以用到电，这就是我们最终的一个责任吧。"

工匠们也彰显了勤劳勇敢的民族精神。勤劳勇敢既是中华民族的优秀传统美德，也是工匠们练就高超手艺不容或缺的关键因素。工匠的技能之所以被称为手艺，是因为"手"是他们的主要工具与依托。无论是雕刻、锉磨，还是焊接、修复等，都是靠一双双精巧灵动的手来完成的。俗语说"熟能生巧""只要功夫深，铁杵磨成针"，唯有下苦功夫，勤于钻研，才能使手上的每一根神经都形成"匠作记忆"，练就出所谓的"手感"；对每一个产品唯有付出时间和精力去不断地研究和改进，才能确保每一个细节的质量都达到要求；唯有勇于直面困难和不断挑战，才能打破局限，提升技艺水准，成就一代工匠。而这些正是中华民族勤劳勇敢精神的有力注解。

此外，工匠们还彰显了自强不息的民族精神。工匠们在改造材料的过程中呈现出自强不息的品质。"锲而舍之，朽木不折；锲而不舍，金石可镂。"工匠与材料之间是一种主、客体的关系，工匠以一定的材料为改造对象，通过种种加工方式，迫使其改变原本属性而产生新型用途，服务于人类生产生活，这就体现了一种改造世界的自强不息品质。工匠们在强大的机器面前也呈现出自强不息的品质。随着机器生产的变革与普及，工匠们受到巨大排挤并被日益边缘化，但是，人作为认识世界和改造世界的主体，其地位是机器所永远无法取代的，因为人具有蕴藏潜力的主观能动性，总能创造性地完成机器所完不成的高难度、高精度、超复杂的工作。工匠们在解决技术难题的过程中也呈现出自强不息的品质。当工作中遇到难啃的硬骨头时，工匠们毫不沮丧气馁，而是“硬碰硬”，凭借殚精竭虑的奋斗，凭借绝不服输的劲头，最终创造出攻克难关的奇迹。正如焊接坦克装甲钢板的卢仁峰所说：“只要坚持，只要努力，没有干不成的活。”其实，他们在攻克难题的同时，也是在跟自己较劲，呈现出敢于挑战自己局限的自强不息品质，并不断突破原来的能力水准、刷新旧有的技术峰值。

（二）工匠精神凝聚的中国力量

工匠精神中所蕴含的道技合一、传承创新的品质，阐明了改革创新的要义，丰富了时代精神的内容，凝聚起了中国力量。时代的发展孕育了以改革创新为核心的时代精神。时代精神反映了社会在新的历史条件下所形成发展的思想观念、价值取向、精神风貌和社会风尚，其中，以改革创新为核心。改革创新强调顺应时代发展的潮流，注重变通趋时、革故鼎新，拒斥因循守旧、率由旧章，对一切妨碍发展的体制机制和思想观念都保持坚决破除的态度和决心，是当代社会发展的最强音。而工匠精神也在随着生产发展而与时俱进，不断增添新的内涵与意蕴，既塑造了工匠主体的新形象与新风貌，也阐明了改革创新的要义，增添了自身的时代特色，从而丰富了时代精神的内容，凝聚起了中国力量。

工匠们彰显出一种“改革创新之道”。工匠们练技修心、道技合一，其中，“技”是指工匠所掌握的技能手艺，而“道”则是高于技的一种对人生哲学的领悟与透视，它的含义丰富，包含着多种具体的道，比如，改革创新之道。工匠之所以能够从群体中脱颖而出，并成功地做出一番事业，一个很重要的原因就是他们不仅注重传承前辈的优秀经验，更强调在此基础上永不止步、与时俱进、改革创新。改革创新之道是已经内化融入工匠们精神世界中的一种系统理念，工匠们在长时间磨炼的过程中，清楚地认识和掌握了所操作对象内部的本质联系以及客观规律，进而形成了一套系统化、哲学化的思维和方法。在此指导下，他们不拘泥于传统、不固守于惯例，敢于突破常规、打破僵化、解放思想、别出心裁，积极开展技术改革，大胆运用新的工艺措施，一次次地攻克技术难关、突破技术瓶颈，将创新由可能变为现实。工匠们勇于充当时代发展的先驱者，不仅适应时代、追随时代，不甘落后、不被淘汰，而且积极地走在时代的前列、推动时代的发展，展现出一种新的、朝气蓬勃的、开拓奋进的时代风采与魅力。

工匠们的改革创新突出表现在从“经验型”到“科技型”的跨越中。在数字化和信息化的时代浪潮中，不仅整个社会面临着发展转型，而且工匠自身也需要适应环境的变化，实现由传统工匠向现代工匠、由经验型工匠向科技型工匠的转变。传统意义上的工匠重技能、轻理论，他们往往是通过长期的实践积累来练就高超的技艺，只需知其然，而无须知其所以然，带有经验型的特征。而在信息化时代，创新的含义已经发生了重大变化，它很难再在纯经验的基础上实现变革，而常常需要与现代生产方式、现代工具、现代理论相结合。因此，传统工匠逐渐退出历史舞台，顺应时代发展转型成为现代工匠，加强理论知识学习，具备一定的理论基础和科研水平，掌握操作现代化机械设备的能力。比如，加工弹性油箱的车工裴永斌，依靠手指触摸就能精确测量出油箱壁厚，但为了满足日益增多的需求，便转型使用数控机床来替代手工操作，从而极大地提高了生产效率；人民币人像雕刻师马荣，从传统的手工凹版雕刻转型学习计算机凹版雕刻，将过去的“点线艺术”雕刻方法和新的计算机工具相结合，从而实现全数字化雕刻技术，带领行业取得了重大突破。

二、有助于涵养中国气质、塑造中国风尚

我们的时代在快速向前发展的同时，也产生了一些不良风气和片面认知。比如，膜拜社会精英而轻视普通劳动者、崇尚享乐主义而厌恶劳动、没有充分认识到工人阶级的地位及作用、一味追求速度而不顾质量、心浮气躁而难以静下心来，等等。而工匠精神就为纠正这些不良风气和认知、塑造劳动光荣与敬业乐业的中国气质和中国风尚提供了重要的涵养源泉。

（一）工匠精神体现劳动者的不平凡价值

工匠精神不仅体现了劳动者的价值，更突出体现了普通劳动者的价值，这对于改变并纠正人们在当前社会中部分存在的轻视劳动者特别是轻视普通劳动者的现象具有非常重要的社会意义。

工匠精神不仅是劳动精神的体现，更是劳动者的精神体现。工匠精神内在包含着马克思主义尊重简单劳动、重视复杂劳动的价值导向，深刻体现了中国共产党对劳动和劳动者理念的重要发展。普通劳动者正是在平凡的工作岗位上，通过诚实的劳动与执着的追求练就了精湛的技艺，成为行业翘楚，展现出了一种震撼人心的精神力量。

因此，工匠精神就是凝聚着劳动者智慧与汗水的结晶，它生动地折射出了平凡劳动的不平凡价值。

工匠精神启示我们，劳动是光荣而伟大的。劳动创造价值，对个体而言，它能够把人的主观能动性与客观规律相结合，创造出物质层面的价值，也能够让个体在劳动过程中体验到满足感、成就感、获得感，创造出妙不可言的精神价值。对社会而言，整个社会都是由劳动创造的，我们所拥有的全部文明成果无一不是由劳动参与创造的结果，正是在劳动的作用下，我们的社会才得以延续发展到今天，并将继续在它的作用下开创更美好的明天。“劳动是财富的源泉，也是幸福的源泉。人世间的美好梦想，只有通过诚实劳动才能实现；发展中的各种难题，只有通过诚实劳动才能破解；生命里的一切辉煌，只有通过诚实劳动才能铸就。”因此，劳动最光荣，劳动最崇高，劳动最伟大，劳动最美丽。

工匠精神也启示我们，劳动没有高低贵贱之分。劳动有体力劳动与脑力劳动之分，有不同的职业岗位之分，但没有高低贵贱之分，任何一份职业都很光荣，任何一份职业都能创造幸福，任何一份职业的员工都是值得尊重的社会主义建设者。尤其需要注意的是，虽然体力劳动者干着苦、脏、累及看似不起眼的活儿，但却在社会生活中扮演着重要的角色。环顾周围，我们所有的衣食住行都离不开体力劳动者的辛勤付出，没有体力劳动者，生活将无法正常进行。因此，他们同其他劳动者一样，都应该受到赞美与歌颂。而且，不管处在什么岗位，只要能够立足本职诚实劳动、不懈奋斗，掌握高超技能、练就过硬本领，都可以成为业内的佼佼者，取得优异的成绩，即所谓“三百六十行，行行出状元”。

党的十九大报告提出：“建设知识型、技能型、创新型劳动者大军，弘扬劳模精神和工匠精神，营造劳动光荣的社会风尚和精益求精的敬业风气。”弘扬工匠精神，既有助于劳动者自身树立信心，赢得自豪感、荣誉感，激发劳动热情，焕发劳动光彩，主动创造出更加美好的生活，也有助于改变社会上存在的不尊重劳动以及劳动者的现象，形成关于劳动重要性的正确认知，培养热爱劳动的情感，并付诸现实辛勤劳动，从而在全社会营造出劳动光荣、崇尚劳动的良好氛围。

（二）工匠精神体现工人阶级新面貌

工匠精神是工人阶级新面貌的体现，有利于凸显工人阶级的地位与作用。

受多种因素的影响，社会中部分存在着对工人阶级地位认识不足的现象。比如，受中华民族传统文化中“形而上者谓之道，形而下者谓之器”“劳心者治人，劳力者治于人”等观念的影响，部分人错误地认为工人阶级地位低下；比如，受当代市场经济的影响，部分人把金钱视为衡量价值的标准，从而得出工人阶级微不足道的结论。

工匠精神体现的是当代工人阶级的新面貌新形象。现代的工匠精神不仅是传统工匠精神的简单传承，而且包含了现代制造业产业工人在此基础上不断发展的新内涵，是工人阶级新面貌的外在表现，也是工人阶级优秀品质的表露。因此，在职业技能人才培养中，进行工匠精神传承和培养，不仅可以体现当代先进制造业水平的科技性，还可以体现产业工人职业素养的提升。习近平总书记说："工人阶级是我国的领导阶级，是我国先进生产力和生产关系的代表，是我们党最坚实最可靠的阶级基础，是全面建成小康社会、坚持和发展中国特色社会主义的主力。坚持和发展中国特色社会主义，必须全心全意依靠工人阶级、巩固工人阶级的领导阶级地位，充分发挥工人阶级的主力军作用。"工人阶级在我国占据着重要的地位，发挥着重要的作用，而工匠精神则在更大程度、更高层次上再次展现了工人阶级的魅力。那些大国工匠的风采让人民为之自豪和感动，那些独具一格的匠心更是值得人民敬佩和学习。因此，培育和弘扬工匠精神，有助于凸显工人阶级的地位与作用。

（三）工匠精神有助于敬业乐业涵养的形成

工匠精神为克服当前社会中弥漫的浮躁风气，形成敬业乐业、精益求精、精心专注的社会心态提供了一剂良药。

工匠精神的作用范围不仅局限于工人，不仅只是为工人提供道德指引与精神支撑，而且对普通大众也具有感召、引领和激励功能，能够有效涵养社会心态。尤其是在产业发展转型期，伴随着对速度和效率的过度追求，社会中弥漫着一些敷衍了事、急功近利、投机取巧、焦虑不安、浮躁气盛等不良心态，而工匠精神就为克服这些心态提供了一剂良药。

工匠精神有助于涵养敬业乐业的社会心态。敬业是指对自身职业和工作怀有一颗敬畏之心、保持一种恭敬之态。实际生活中，部分员工存在着对工作敷衍了事、搪塞责任的现象，因为他们对工作意义的认识只停留在养家糊口的一个粗浅层面上。而培育和弘扬工匠精神，就有助于引导人们提升对工作价值的认识，引导人们充分认识到工作不仅仅是彰显我们生命价值的重要场所，更是整个社会链条运行中的一个重要环节，其背后承载着发展社会、造福人民等沉甸甸的责任与意义。乐业是指对自身职业怀有热爱的情感和浓厚的兴趣。知之者不如好之者，好之者不如乐之者。培育和弘扬工匠精神，有助于引导人们对工作投入真情实感，用当下的一个时髦词语来讲叫作"走心"，即引导人们化被动为主动，积极发挥自己的能动性与创造力，在工作过程中体验到创造价值的乐趣。并且，这种乐趣已经超越了物质层面的满足，而给人们带来精神和心灵上的愉悦与享受。

工匠精神有助于涵养精益求精的社会心态。生活中时常遇到这样的现象：当觉得差不多、过得去、可以了的时候，就收拾完工。但是，差之毫厘，谬以千里，尤其是在关键环节，必须要求精准。胡适曾写过《差不多先生传》的寓言故事，对处事马虎不认真的现象进行了一番讽刺，很有启发意义。培育和弘扬工匠精神，就有助于引导人们精益求精，严格把控细节、极力保证质量，努力把99%提升到99.99%，在全力以赴的状态下做到最好、做到极致。只有这样，才能成就一番伟大的事业与精彩的人生，反之，如果总是以“差不多”收尾，事业与人生无疑将平庸落俗，甚至在关键环节上也持“差不多”态度时，可能会给社会造成无法估量的危害。

工匠精神有助于涵养静心专注的社会心态。社会的快速发展在极大丰富民众生活的同时，也造成诱惑太多、选择太多、干扰太多的苦恼，常常使人眼花缭乱、迷失自我，使人因为走得太久而忘记了为什么出发。培育和弘扬工匠精神，就有助于引导人们正确看待人生的得与失，始终坚守自己的初衷，不因一时的挫折而放弃，也不因一时的成功而骄傲，总是以一颗平常心来从容面对；也有助于引导人们正确看待名与利，忘我地投入工作中，专注于过程中的风景，从而收获更长远、更值得期待的美好未来，如果急功近利、好高骛远，反而是欲速则不达。

三、有助于推动中国制造、铸就中国品牌

2018年的国务院《政府工作报告》中指出：“全面开展质量提升行动，推进与国际先进水平对标达标，弘扬工匠精神，来一场中国制造的品质革命。”工匠精神既能为推动中国制造凝神聚力，又能为铸就中国品牌强基固本，是建设制造业强国的必然选择。

（一）工匠精神的凝聚力

中国制造面临着由大变强的转型发展任务，而工匠精神就是推动中国制造的力量源泉，具有凝神聚力的作用。

制造业是国民经济的主体，是工业化和现代化的主导力量。放眼全局，无论是国际形势还是国内形势，都对我国制造业发展提出了一系列新的严峻挑战，促使其进行由大变强的转型发展。

从国际形势来看，制造业重新成为世界各国经济竞争的制高点。金融危机之后，世界各国普遍加强了对制造业战略地位的认识，展开了颇为激烈的竞争态势。一方面，

发达国家纷纷实施工业变革，推动制造业向智能化、信息化转型。比如，德国于2013年在汉诺威工业博览会上正式提出了“工业4.0”这个全新的概念，旨在推动物理世界与数字世界的融合，建立智能工厂、智能生产、智能物流，以确保在新一轮革命中占领工业基地地位；美国构建了制造业创新网络计划；英国提出了“工业2050战略”；欧盟提出了“未来工厂计划”等。另一方面，发展中国家也不甘落后，它们积极参与全球产业再分工，凭借资源、劳动力等比较优势来承接产业及资本转移，拓展国际市场空间。这些现象表明，制造业已经成为全球争夺新一轮国际分工、争夺产业链高端的角力场，而中国要想在这场“前后夹击”的竞赛中获得胜利，就必须加快制造业的转型升级。

从国内形势来看，我国制造业的发展存在一些亟待解决的问题。经过长期以来的辛勤努力和快速追赶，我国已经取得了长足的发展，建成了门类齐全、独立完整的制造业体系，上升为世界第一制造大国，不仅许多产业的规模都位居世界前列，而且一些关键领域的核心技术也取得了重大突破。然而，我们也要清醒地认识到，在产业发展需要经历的农业输出、低端制造、中高端制造、创新科技中心这四个阶段中，我国仍停留在第二个阶段。我国的制造业属于高投入、低收益的粗放型发展模式，注重数量型扩张，尚且存在着自主创新能力弱、产品档次不高、产业结构不合理、信息化水平不高、资源利用效率低等问题。如果这些问题得不到合理解决，将会给我国制造业的发展带来很大障碍，因此，必须引起高度重视，进行制造业由大变强的转型发展。

中国制造要实现转型发展，就需要来一场全面提升质量的“品质革命”。2021年3月11日闭幕的十三届全国人大四次会议通过了关于国民经济和社会发展第十四个五年规划和2035年远景目标纲要的决议。《纲要》提出：坚持把发展经济着力点放在实体经济上，加快推进制造强国、质量强国建设，促进先进制造业和现代服务业深度融合，强化基础设施支撑引领作用，构建实体经济、科技创新、现代金融、人力资源协同发展的现代产业体系。“十四五”时期，我国制造业必须继续坚持走提质增效、转型升级之路，推动先进制造业和现代服务业深度融合发展，加速推进由“制造大国”向“制造强国”的转变，完成中国从制造大国向制造强国转型的战略目标。

工匠精神为推动中国制造凝神聚力。“品质革命”呼唤“革命品质”，工匠精神作为革命品质之一，就为推进品质革命提供了动力。推进品质革命，既需要提高科技创新能力、完善产业支撑体系等硬力量，也需要诚信意识、工匠精神等软力量，只有软硬力量相结合，才能切实提升产品的质量。2016年5月，李克强总理在考察东风商用车重卡新工厂时指出：“‘中国制造’的品质革命，要靠精益求精的工匠精神和工艺创新，其中关键是以客户为中心。”品质革命强调要对标准和规范严格遵循，对质量和细节严格把控，而这就离不开一丝不苟的工作态度、精益求精的工作理念、炉火纯青的工作技艺、卓越完美的工作追求，概括起来，就是离不开工匠精神。因此，培育和弘扬工匠精神具有重要的意义，它有助于激发员工的敬业、奉献、创造能力，建设一支高素质的制造业人才队伍，有助于全面提升产品质量和效益，推动结构优化、创新发展，从而助力中国制造实现由大变强的跨越。

工匠精神为推动智能制造保驾护航。智能制造将制造技术与数字技术、智能技术及新一代信息技术融合起来，是制造方式的一次重大变革与发展趋势。从表面上看，智能制造似乎威胁到了工匠的劳动，压缩了工匠的生存空间，工匠精神也好像失去了“生存土壤”，没有“用武之地”了。实际上，二者之间并不是矛盾的，智能制造和传统制造一样都离不开工匠精神。首先，智能制造的产生发展是一个过程，而蕴含精益求精、传承创新品质的工匠精神就是这个过程中的一个重要推动因素。其次，工匠精神促进了许多高精尖技术的革新和智能产品的打造。虽然在智能制造过程中，工匠被强大的智能化生产设备“掩盖”住，退居为“幕后”人员，劳动工具比劳动者显得更为重要，但是，这些智能设备正是按照工匠植入的具有工匠精神的“思维”程序去运行的。最后，智能制造并不能完全取消劳动者的存在，随着智能化生产系统的更加庞大、智能设备操作的更为复杂，相应地，对操作人员的能力也提出了更高的要求，这就需要操作人员具备工匠精神。因此，工匠精神对于智能制造仍然是必要的。

（二）工匠精神的品牌力

我们迫切需要铸就一批能够代表国家形象、满足人民对美好生活需要的中国品牌，而工匠精神就是铸就中国品牌的内在支撑，具有强基固本的作用。

品牌成为中国制造获得竞争新优势的一个重要法宝。品牌是一种能够带来巨大经济收益的无形资产，其背后蕴含着一个企业、一个国家的文化积淀、价值理念和品质形象，承载着消费者极高的认可与信赖。随着市场经济的发展，品牌越来越有分量，品牌效应越来越凸显，它已经成为中国制造赢得市场竞争力的一个重要法宝。

我们需要铸就一批能够代表国家信誉和形象的中国品牌。随着我国社会经济的不断发展进步，当前社会主要矛盾已经转变为人民日益增长的美好生活需要和不平衡不充分的发展之间的矛盾。当前中国经济的快速发展和人民生活水平不断提升，人民群众对美好生活的向往越来越强烈，对消费品和服务的质量要求也越来越高，消费理念也逐渐由产品消费向品质消费和品牌消费转变。而国内的有效供给却相对短缺，品牌的知名度与发达国家相差较大，因此，并不能很好地满足人民的需求，导致很多消费者趋向出境购物、“海淘”购物，并且购买种类从珠宝首饰、名包名表、名牌服饰、化妆品等奢侈品，延伸到了电饭煲、马桶盖、奶粉、奶瓶等普通日用品，这就深刻反映出了国内对民族品牌的强烈需求。因此，铸就中国品牌刻不容缓，必须将其贯穿于建设制造强国的整个进程。

工匠精神是铸就中国品牌的内在支撑。品牌之核，存于质量；质量之魂，存于匠心。总结世界上成功品牌的经验，其中很重要的一条就是坚守匠心。比如，德国之所以创造了西门子、宝马、阿迪达斯等闻名世界的品牌，一个关键因素就是他们的工匠对质量怀有狂热的追求，坚持奉行“要么不做，要做就做到最好”的原则；日本的工匠则对自己的技艺怀有一种超强的自尊心，甚至强到接近于自负，在此推动下，他们创造了索尼、丰田、三菱等著名品牌。再比如，中国的华为品牌。2016 年 3 月 29 日，华为公司荣获第二届“中国质量奖”，标志着其质量通过了行业与消费者的严峻考验。一直以来，华为都始终坚持以客户需求为导向、以质量为生命，在每一款产品上市之前都会进行性能、环保、强度等各方面严格的测试，一旦发现瑕疵，哪怕是一个微不足道的瑕疵，也不惜损失巨额成本而重新整改，追求真正的零缺陷。可见，正是精益求精、传承创新的工匠精神给品牌注入了不朽的活力，让它们历经磨难而不倒，发出更耀眼的光芒。因此，我国要创品牌、赢品牌、强品牌，必然需要工匠精神的内在支撑。

工匠精神为铸就中国品牌强基固本。2016 年 12 月的中央经济工作会议上，习近平总书记指出：“引导企业形成自己独有的比较优势，发扬‘工匠精神’，加强品牌建设，培育更多‘百年老店’，增强产品竞争力。”工匠精神就是铸就中国品牌、树立中国形象的核心要素，因为百年不老的知名品牌要靠优质的供给来保障，而优质的供给则要靠具有工匠精神的员工来锻造。反之，如果轻视工匠精神，不愿意花功夫去精雕细琢，一味强调投资少、周期短、见效快，盲目追求规模效应，必然导致粗制滥造、假冒伪劣的问题出现，连基本的质量都无法保证，更无从创立具有更高要求的品牌。因此，只有培育和弘扬工匠精神，引导员工树立敬业乐业、精益求精的职业信念，数十年如一日地专攻技艺、全力追求尽善尽美的理想状态，引导企业树立以质取胜、信誉至上的文化理念，矢志不渝地恪守产品质量、锐意进取地走在创新前列，才能提升供给体系的质量、打造高端产品，才能给消费者带来无可挑剔的完美体验，才能铸就一批知名度高、美誉度好、有国际影响力的中国品牌。

大国崛起，匠心筑梦。作为中国共产党革命精神谱系中的重要一支，工匠精神具有不可替代的历史地位，它为赢得革命胜利提供了坚实后盾，为社会主义建设提供了强劲动力，为推进改革开放提供了有力支撑。中国特色社会主义进入新时代以来，工匠精神的时代价值更加凸显。它不仅有助于丰富中国精神、凝聚中国力量，有助于涵养中国气质、塑造中国风尚，而且对推进我国制造业的发展也具有重要的战略意义，有助于为建设制造强国凝心聚力、强基固本。在历史传承的必然要求与时代发展的迫切呼唤下，对工匠精神我们要大力传承和创新，建设知识型、技能型、创新型劳动者大军，为实现中华民族的伟大复兴提供价值引领与精神支撑！①

① 黄震．工匠精神［M］．北京：北京工业大学出版社，2017．

第三章　现代工匠的职业特性

第一节　工匠精神具备的要素

要想成为现代工匠，首先要具备工匠精神，并以工匠精神为驱动，去改善日常的行为。日积月累，才能实现成长和蜕变。工匠精神主要包括以下六大要素。

一、热爱

热爱，是一种发自内心的喜欢，令人愉悦、充实。热爱会给人带来工作的激情，也会让单调的工作变得有趣。热爱工作、热爱岗位，才会倾情投入，才会不遗余力地把工作做好，才会有持续和深入钻研的毅力。热爱某项工作，能挖掘人的潜能，激发人的创造力，让其取得更好的成绩。

有学者这样描述工匠的最高境界："工匠的最高境界是游戏，用一种喜悦的方式来欣赏自己的努力。工匠精神不要内含牺牲和痛苦，而是满含快乐。"试想，如果对一项工作不喜欢甚至厌烦，怎么可能会一直钻研下去，并不离不弃。所以，喜爱或者说热爱，是让人坚持下去和不断深入的原动力。

对某项事物或工作的热爱，有的是天然的，有的是后天培养的。很多工匠一开始对自己的岗位、工作并不是特别的喜欢，只是他们没有选择离开，而是坚持了下来。结果，通过每天的接触与琢磨，日久生情，最后反倒恋恋不舍，甚至几日不见就有如隔三秋的感觉。优秀的匠人几乎无一例外地热爱着自己的工作，将自己的产品视为心爱的宝贝，倾心打造出一个又一个的精品。

无论起点是什么，干一行、爱一行、钻一行、精一行，认真负责地做好每项工作，是优秀工匠的共同品质。中国十五冶三公司高级技师王涛曾说："要扎根岗位，心怀感恩，因为未知的领域还有很多，对技艺的追求本身就是一种快乐。"

例一　津门工匠李家琦对"海鸥"痴狂

中国钟表大师、全国劳动模范、高级技师李家琦负责手表机芯的精饰设计和样机制作，担任天津海鸥表业集团国家技术中心机芯艺术创作室主任。李家琦1981年进入天津手表厂工作，在他主持下完成了国内首款陀飞轮雕花镂空腕表的设计开发，并研制出国内第一款双陀飞轮雕花镂空腕表，获得国际认可。他拥有国家授权的专利108项；他设计制造的很多款带有浓厚中国风的原创手表被消费者追捧，有些型号甚至供不应求；他设计制作的有些表甚至卖到22万元的高价。

用李家琦徒弟的话来说，这些成绩的取得源自他对自己从事的机芯设计工作的极度热爱，甚至到了痴狂的程度。他对任何一个技术难点的攻破和新型设计的实施，都是全神贯注、精益求精，甚至在休息时也不放下工作。他的生活与工作从来都是形影相随，很多生活中的瞬间都成为他创作的源泉。一旦捕捉到灵感，他就会立即全身心投入工作中。他已然将自己的工作融入生活，无时无刻不记挂着他的表，坚持不懈地追求方寸之间的匠心艺术。李家琦对事业的这份痴迷，源自他对梦想的追求，那就是让海鸥牌手表能与其他世界名表品牌同台竞技，要让"中国制造"真正走向世界。

二、专注

专注就是精力和注意力集中在特定的领域，它的对立面是精力和注意力的分散。只有专注和持久地耕作于某一领域，才能有常人不及的成就。许多优秀工匠都是长时间（短则十几年，长则几十年）专注于一项技艺或一个岗位，经过持续不断的磨炼才获得卓越的成就。正如"苟有恒，何必三更眠五更起；最无益，只怕一日曝十日寒"，人的时间、精力和能力都是有限的，而每一个领域、每一项技能都有其独特的地方。所以，能把一件事情做好、做到完美就已经很不简单了。大国工匠宁允展就坦言："我不是完人，但我的产品一定要完美。做到这一点，需要一辈子踏踏实实做手艺。"不够专注，什么都浅尝辄止，那就如同一个到处挖井却挖不到水的人，没有沉下来，没有钻进去，也就无法领略其中的奥妙，也不能在这个领域做到极致，获取卓越成果。正所谓"贪多嚼不烂"，专注才能专业。

当今时代，万事万物变化的速度很快，这更需要人专注于某一个细分的领域，随时捕捉该领域的信息，随时调整自己，跟上变化的节拍。但专注不是盯住一处不放、死钻牛角尖的呆板，也不是驻足不前的保守。它强调的是一种集中的状态，并且长时间地关注。它并不否定适应性的变化与调整。事实上，一个优秀的工匠一定是与时俱进的，甚至是引领潮流的。

例二　钢管里绣花的“金秀娘”

全国五一劳动奖章获得者、中国石油渤海装备公司第一位全国劳动模范黄玉梅多年来扎根潜油电泵厂下线班组，练就了一身“盲眼绣花”的本领，被人们称为钢管里绣花的“金绣娘”。

在无尘作业车间，大约碗口粗的六米长钢管，平稳地安放于半米高的转运车上。而黄玉梅手中的铜线，呈回形在钢管里来回穿梭。一圈如同筷子般粗细的孔槽分布在钢管端口内侧，直径两三毫米，长度几百米的铜线穿过这些孔槽，然后从端口另一端拉出，再穿回去……这样不停循环往复。穿铜线的难度到底有多大？黄玉梅说：“像盲人在钢管里绣花。”当把铜线传入钢管后，除了能看到另一端一点点的白光，其余操作完全凭穿线者的手感。捋直溜、看准位、推进去、穿进去、拉出来、再穿回去……枯燥重复的机械动作，黄玉梅一天要重复几百次。23 岁到 47 岁，美好的青春年华里，这样的工作她重复进行了 24 年。她的眼睛好像具有透视的超能力，能精准定位铜线在孔槽中的位置，控制细软的铜线在她手中舞动，仿佛拥有了自己的生命，在细小孔槽中来回穿行。当她把劳保手套摘下时，映入我们眼帘的却是布满伤口和老茧的双手。

下线，作为目前仍无法用机器进行替换的工作，在潜油电泵生产过程中，下线操作的细小差错，可能会导致整个潜油电泵的停止工作。20 多年来，黄玉梅带领“女子下线班”手工制造 9000 多套潜油电泵，在国内电泵市场占比近 40%，而且一直保持交检合格率 100%的良好记录，同时也是零安全事故班组保持者。

黄玉梅的故事说简单也不简单，几十年的单调重复一般人很难坚持下来，但是她做到了，并做到了极致。像黄玉梅这样对工作保持尊重、对产品质量持续的追求，就可谓之为匠心。曾有记者在采访完诸多大国工匠后感慨：“大国工匠们并不是天赋异禀、超脱于普通人群的一群人，只是专注于一件事并将其做到极致的群体。”还有许许多多默默无闻的工匠在自己平凡的岗位上，用几十年的执着与坚守，迸发出巨大的能量。

三、创新

创新抑或创造是优秀工匠的特质。唯有创造性的劳动才能突破现有的难题，创造出新的效率和新的品质。时代一直在进步，创新也从未停止过脚步。从前人那里获得的经验只会不断被新出现的情况所否定，新的技术和技法也将不断优化或者替代之前的技术和技法。作为现代工匠，在日新月异的环境中，创新的精神必不可少。

创新是工匠精神中非常重要的一项品质。“创”者，如同“创”字本身的释义：在事业上第一次去做某件事。在传承的基础上突破既往，在新环境、新条件下开创新的成就。

现代产业技能人才最幸运的事情，莫过于现代制造业的发展逐渐认同个体在事业上的成绩，让产业技能人才可以“手艺人”的姿态参与到现代制造业之中，并被社会认可。“工匠就是凭手艺吃饭”，这是大国工匠宁允展常挂在嘴边的一句话。在现代工厂里，手艺已经远不是从前的简单手工技艺，而是富含科技和创造的技艺。

例三　“抓斗大王”包起帆一路创新而来

上海港务局的包起帆是一名从装卸工人成长起来的创新大王、教授级高级工程师。他开发的 140 多种新型抓斗，多次在日内瓦、布鲁塞尔等国际发明展览会上获得金奖和银奖。他个人也被誉为“抓斗大王”，被英、美两国国际传记中心分别列入《国际知识分子名人录》。

包起帆勤奋刻苦的学习精神、超强的动手能力，以及心中那种强烈的改变现状的愿望——用机械代替人力、让工人摆脱危机重重的工作环境，帮助他一步一个脚印地实现着自己的“抓斗梦”。借助从学校和书本上获得的知识，包起帆身心都沉浸在一个个设想、一个个技术问题的解决上，他常常不分昼夜地工作在码头现场和实验室。在他的手中，一个个形状各异但功能相同的装卸抓斗诞生了，“木柴抓斗”“单索生铁抓斗”“异步启闭废钢块料抓斗”等装卸机械创造性地解决了一批关键技术难题，改变了我国港口木材、生铁、废钢等货物装卸工艺的落后状况。

1996 年，包起帆提出建设中国港口内贸标准集装箱水运工艺系统，并提议开通了中国第一条内贸标准集装箱航线。2003 年，他设计了我国首座集装箱自动化无人堆场。2006 年，他主持研制了世界上首台全自动桥式抓斗卸船机、全自动散货装船机和我国首台全自动散货斗轮堆取料机，成功建成了散货码头作业自动化系统。

发明匠人包起帆，从未躺在自己的功劳簿上，而是跟着时代在走，引领着航运码头的现代化步伐。只要是符合职工需要、符合企业发展需要的，他都大胆尝试，用科学、求精的标准实现着自己的梦想，创造着未来。如同那些工作在一线和研究领域的工匠们一样，如果他们只是鞠躬尽瘁、任劳任怨地在既有技术路线上精益求精，没有批判、创新，那远算不上真正意义上的工匠，也难有与时代同步的价值。

四、卓越

卓越的本意是超出一般的、杰出的、非凡的。优秀工匠都会竭尽全力追求卓越、创造不凡。远大的理想、勤奋的付出，尽管都很重要，但过程最终是要靠结果检验，只有结果是极致优品，才能称得上“卓越”。卓越的产品或者服务蕴含着创造性的超凡成果，它必然也是超越前人、突破传统的。匠人会以追求卓越为目标，无论是在技艺上、产品上或是服务上，都要独树一帜，艺压群芳。卓越是匠人们的追求，也是匠人们的品位。

卓越的品质也会带来与众不同的价值和收益。虽然在急功近利的市场里，这种价值未必立刻能显现出其应有的市场价格，但是从长远来看，渗透其中的优良品质最终会获得肯定和赞誉。

与追求卓越对立的是“差不多”“凑合”的态度。当工作中，“差不多”“凑合”的态度占据上风时，人的斗志和干劲就会折损大半。每个人身上都有很大的潜力可以挖掘，如果定位为“追求卓越”的高度，便会集聚所有的能量向这个高度挺进；如果定位为“差不多”的水平，那就永远只会停留在“差不多”的层次。

例四　给火药进行微整形的徐立平

大国工匠徐立平是中国航天科技集团公司的一名高级技师，自 1987 年入厂以来，一直从事导弹固体燃料发动机火药微整形的工作。火药整形作为一个世界性难题，目前依然无法用机器作业完全代替人工作业。而手工作业面临的危险和作业难度可想而知，工作中蹭出的一丁点火花就会导致燃烧爆炸。工人下刀时的力道，完全靠自己判断，而药面整形精度会极大影响导弹的射程。固体发动机药面整形精度所允许最大误差为 0.5 mm，而徐立平则将这个数字缩小到不超过 0.2 mm。

徐立平通过不懈钻研与努力，发明了 20 多种药面整形刀具，目的就是要杜绝一切安全隐患。他发明的两种刀具获得国家专利，单位为了鼓励创新，特意将他发明的一种刀具命名为“立平刀”。在为火药整形时要长期保持同一个姿势，长年这样工作使得他的身体发生了倾斜，同时在火药毒性的影响下他的头发也掉了大半。28 年来，同时进厂的工友们都已离开这个危险岗位，只有他一直坚守，并且一丝不苟地对待每一项任务。有人问他为什么，他说：“危险的岗位总得有人去干哪！”

徐立平用执着与精细创造了属于自己的卓越，正是他的严谨、踏实，让误差消失在每个精准的动作中。他的技能水准达到了行业顶尖水平，他也成为无可替代的角色。

五、极致

极致是一种状态，更是一种追求。追求极致，就是追求永无止境的提升。“没有最好，只有更好”是对追求极致最直白的表述。正所谓目标是最大的动力，如果没有追求极致的目标，很难有不断的突破和持续的成长。精益求精，好上加好，在细节上下功夫，是对“极致”的另一种通俗解释，这是工匠精神的基本精髓所在。

为了达到极致，就不能给自己留任何一丝借口、一点余力，完全倾情投入，直到无可挑剔。追求极致是杰出工匠的与众不同之处。当然，我们的周围也存在着这样的现象：工作仅仅是为了向上级交差，只要能应付过去，就停止关注和努力。“糊弄”“应付”是“极致”的对立面。糊弄完了工作，应付完了上级，其结果便是粗制滥造的产品或者服务。从设计、生产到检验，应付的成分多了，产品竞争力也就大大缩水了。

唯有追求极致，才会有精品呈现，才会给个人与企业带来坚不可摧的竞争实力。极致的精神成就优秀的匠人，极致的精神也成就卓越的企业。

例五　极致绝非“唯手熟尔”

钳工高级技师宁允展是中车青岛四方机车车辆股份有限公司高速动车组制造一线的首席研磨师，也是进行高铁转向架“定位臂”研磨工作的国内第一人，同时他的工作也代表了这道工序的最高水平。对于高速动车组关键部件转向架“定位臂”的生产，全世界生产厂家都要靠手工研磨。磨小了，转向架落不下去；磨大了，价值十几万元的主板就报废了。

宁允展2004年开始从事这项工作，到现在有673列高铁列车的定向转向架都是由他和他的团队手工研磨出的，没有出过一件次品。更令人称道的是，他研磨的部件，精度可达到0.05 mm级别，比头发丝还细。“0.1 mm的时候，国内大概有十几个人能干。到了0.05 mm，目前就只有他能干。”他的同事说。打磨精度能控制在机器都难以到达的精度，这绝不是简单的“唯手熟尔”，宁允展有灵性、有悟性，他是带着思想在打磨，宁允展执着于摸索研磨工艺，他自己出钱买来车床、打磨机和电焊机，把自己的小院变成了新工艺“实验工厂”。这个工厂成为他业余时间发明新方法的重要宝地。随着产品技术要求的提高，“外方”的研磨技术已不能满足产品生产需求，这时他自创了“风动砂轮纯手工研磨操作法”，这种方法不仅将研磨效率大大提高，还将原来75%的接触面贴合率提高到现在的超过90%。切口表面存在的隐约竖线，如同绣花工作，宁允展把它们慢慢织成一张纹路细密、摩擦力超强的网。他还主持了多项课题的研究工作，科研工作中发明的新型工装投入使用后，可为公司每年节约将近300万的成本。

极致来自对完美和卓越的追求。像宁允展这样永无止境地攀登、用思想来工作的优秀工匠，很好地诠释了极致的投入和极致的产出。优秀工匠绝不是简单重复就可以炼成的，必然要以思想为动力、以科学为依托、以技术为保障。

六、担当

担当就是勇于承担责任，这里有对企业的责任，对客户的责任，也有对社会的责任，简而言之就是有“职业操守”。工匠从来都是社会的工匠，只有得到组织和社会的认可，服务于组织和社会发展的需要，他的技艺才华才有真正的价值。

担当对组织来讲，就是勇于承接别人不敢接的重任，敢于迎接全新的挑战。这是组织发展所需要的勇气和能力。作为组织中的一员，服务于组织的需要也是基本的职业操守。有担当的生产者，会给客户提供最优质的产品和服务，让客户用得满意、用得放心。对于产业工人来说，客户包括两个层面，一个是终极消费者，另一个就是下一道工序的承接者。做优、做精自己的岗位，就可以为下一道工序提供稳固的基础，为整体产品的最优品质提供坚实的保障，也就为最终的产品使用者提供了可靠的产品质量。

担当还体现在对社会责任的承担。每一件次品其实都是对社会资源的浪费，每一个错误都可能对社会环境、安全等造成恶劣影响。而每一项技术的进步都意味着为推动社会进步贡献了一分力，每一项技艺的传承也都是对社会文明财富的担当。前人栽树，后人乘凉，中华文明就是一代人站在另一代人的肩膀上创造出来的。传承技术、技能极为重要，无论社会发展到什么文明程度，代代传承文化和技能都有着不可忽视的作用。

例六　大国工匠胡双钱的担当

胡双钱，上海飞机制造有限公司高级技师，数控机床加工车间钳工组组长，也被人尊称为“航空手艺人”。在35年的从业生涯中，他加工的数十万个零部件没有一个次品。55岁的他依然沉静：“学技术是其次，学做人是首位，干活要凭良心。”

核准、画线，锯掉多余的部分，拿起气动钻头依线点导孔，握着锉刀将零件的锐边倒圆、去毛刺、打磨……胡双钱每天都在做同样的动作，枯燥却十分重要。“我们的工作事关别人的生命，精益求精是必需的。”强烈的责任意识让胡双钱形成了严谨的工作作风：工作前，先看懂图纸，了解工艺规范；接受零件时，先检查上道工序是否有不当之处，确定以后再加工。他在工作中严守“慢一点、稳一点、精一点、准一点”，始终带着感恩、责任和思考做工作，最大限度避免了质量偏差。

退休的日子越来越近，胡双钱正不遗余力地将成熟经验和精湛技艺传授给青年工人，“耐心、细心、用心”地培养着年轻的接班人。

很多工作都容不得半点马虎，一点点的失误都可能给他人、组织和社会带来想象不到的灾难后果，所以，责任意识、担当精神绝不能少。[①]

第二节　现代工匠的特征

现代工匠有着明显的时代特色，他们有更高的知识层次、更精湛的技能、更强的责任意识和适应新环境的能力，还有不断自我成长的动力和努力开拓的精神。除此之外，我国技术工人群体还承载着我国制造业转型升级的艰巨任务。总之，适应现代工业信息化、智能化生产，符合多样化、个性化市场需求的优秀工匠们，既要有技能素养，又要有良好的职业精神，表现为独具匠心的设计理念、精益求精的质量管控、不断改进的技艺追求、为制作不遗余力，有担当、有责任，能创造、有创新，呈现出知识化、技能化、专业化的基本特征。

一、知识化

随着科技的进步，新材料、新能源、新设备、新工艺层出不穷，而且一代一代地持续更新。现代工厂自动化是常态，智能化是趋势，所用的机器设备多以数控的方式运行，半自动化都在大范围地消失，手工作业也越来越少，只在少数特殊工艺产品制造领域存在。在现代工厂，信息处理技术无处不在。无论哪个岗位，基本上都离不开信息处理技术。所以，知识水平不高的工人将越来越无法胜任现代工厂的作业要求。

以上趋势都表明，技术工人们要迅速更新自己的知识储备，跟上生产要求变化的步伐。知识型员工，尤其是具有学习能力的知识型员工是当今企业最需要的人才。为高铁拧上“中国螺栓”的“门外汉”——太行机械的靳小海被誉为河北省新一代知识型青年工人的代表。这位年轻的高级技师、全国五一劳动奖章的获得者最爱说的一句话是：“只要肯学、肯干，不管在什么岗位，任何困难都不会成为‘绊脚石’。”

2000 年靳小海才开始操作数控机床，可以说是零基础。观察、模仿，向师傅请教，他留心每一个操作环节。业余时间，他投入理论知识的学习中，从《机械制图》《车工工艺学》《数控编程》等书中获得专业知识。为适应现代数控加工，他又学习了 CAD 和 CAM 等先进数控加工方法，掌握了椭圆、抛物线、样条线等复杂型面的数控加工。他善于观察、思考，并会及时总结。很快，他就从一个数控加工的“门外汉”，成长为企业关键技能带头人。

---

① 张子睿，樊凯. 工匠精神与工匠精神养成引论［M］. 北京：民主与建设出版社，2017.

靳小海总是勇于接受挑战，面对难题他会反复地演算、思考、记录、分析，直到攻克难关。凭着这种不服输的劲头，他为公司解决了一个个急难问题。2007 年，他接受公司任务要自主研制生产出高铁制动系统关键部件。于是，从翻译德文资料入手，到工具寻找、工艺设计，再到程序编写，他啃下了这块硬骨头，试制出的 7 种产品全部达到德国铁路行业检测标准，打破了国外技术垄断。

靳小海也是工友们眼中的“发明家”。他完成了铁路新产品工艺攻关近百项，相关项目已形成规模生产，他还被检验员称为“太行免检产品”，创造了连续 3000 天安全生产零事故、送检产品一次性通过、工艺试制零废品等多项公司纪录。

靳小海的故事告诉我们，拥有知识就拥有了改变的能量，在从业的路上也只有不间断地学习再学习，突破常规思维的束缚，才能够迎来柳暗花明，让自己的职业路径越走越顺畅。

二、技能化

没有高超的技能是不能称为工匠的。无论在什么时代，掌握高超的技能都是工匠的基本标签，只是不同时代、不同行业对工匠技能的要求不同。

在新的工业时代，技能的内涵发生了巨大变化。很多传统的技法因为工艺和材料的变化而变化，有的甚至因为工具的更替而消失。而消费者对产品质量的要求不断提高，随之对制造者的技能水平要求也不断提升。与此同时，技能的内涵还在扩大。

所谓技能化，也不同于以往对技术工人比较单一的技能要求，而是要求在信息化、智能化环境前提下，不仅能掌握本岗位上的技能操作，还要有相应的扩展性和超越性，懂得一些横向和纵向领域内的技能，具有较高的综合素质。

“研磨大师”魏红权的绝活儿。武重集团高级技师魏红权的高超技艺是把经过半精加工的一块普通零件能在两分钟内研磨得像镜子一样光亮。“这个工作看起来简单，实际上我全身都在用劲儿。一般人认为就是在平面上推、磨，实际上还要用仪器检测它的平面度，要达到头发丝直径的 1/60 的精度。”魏红权说。

魏红权强调“精雕细磨才能出精品”。截至 2016 年，魏红权已从事研磨工作 31 年，但他并没有觉得这个工作枯燥。对他来说，每个加工件都是自己的一个作品，都需要精心设计和打磨，而每一件精品的出现，都令他兴奋。

魏红权的绝活儿是他多年积累、磨炼出来的。别人下班后，他还留在车间苦练基本功；业余时间，他学习车床、铣床、磨床等多种精密加工机床操作方法，掌握了较为全面的零件精加工技术。正是他独创的研磨技术，把高精度机加零件的精度控制难题进行了完美解决，突破了机加工艺的瓶颈。这使得他可以应对任何形状的加工件，而且只需几分钟，就能使原本普通的零件表面像变魔术般变得平整光亮如镜。

近 6 年来，魏红权攻克了武重数控车、铣、镗系列和数控卧车、滚齿机系列等 300 多台机床因综合精度超差而不能交付用户的质量难题，每年为企业节约制造成本上百万元，创造经济效益上千万元。

三、专业化

俗话说，隔行如隔山，让专业的人干专业的事，才能产生专业的效果。现代社会分工越来越细，每一个细分领域又不断呈现快速的技术更替，熟练掌握专业技术的难度越来越大。同时，随着质量标准的不断提升，对操作层面专业的深度和精度要求也是越来越高，所以，专业化显得越发重要。

现代工匠只有“专”下来，才有时间和精力“钻”进某个领域，把该领域的知识、技能摸清弄透，才能在此基础上创新、创造，将岗位作业做到极致，成就卓越业绩。

事实上，工匠们都是名副其实的“专家”，而不是似乎“什么都懂”，实际“什么也不是很精通”的杂家。做好精通一个领域的专家已经非常难得了，人没有那么大的精力和体力成为“通吃”的全才。每个个体的差异也是客观存在的，有的人感觉很灵敏，有的人心思很细腻，有的人则手上特别有准头。审视自我的长项，做好自身的长项，将优势发挥到极致，就能成为某个领域里更有价值的人，这是现代制造业领域中工匠的明智选择。

在“电老虎”的心脏里工作。荣获“贵州工匠”称号的吕刚是南方电网超高压输电公司贵阳局变电管理所的员工。他的发明已经获得 21 项国家专利，其中 4 项为发明专利，这让人们对这个 39 岁的北方汉子竖起大拇指。2002 年大学毕业就进入变电所的吕刚，15 年里在“电老虎”的心脏里一直如履薄冰。保障变电所的安全运行是最大的责任。吕刚称自己就是检修员，是工人，谈不上工匠，只不过别人修的是小家伙，他修的是大家伙；他取得的成绩也是岗位职责之所在，更是团队共同的成果。

变压器出的每一次故障，都是大事。大家伙的故障点很难找，维修也会耗时很多，这其中的门路技巧只有一线的维修工人才发现得了、改进得好。抢修工作是抢时间，也就是抢生命，因为过低的电量会带来大面积的停电。为了解决快速维修、安全作业问题，吕刚专门发明了一种工字钢包夹，又探索了一种阀厅阀组避雷器悬挂结构。其他的各种发明和专利都是围绕着安全生产、快速检修展开。面对复杂的机器需要的是多学科的专业知识，吕刚和他的同事们就是用责任和专业推动着电网的变革，保障了电网的安全运行。①

第三节　现代工匠具备的技能

工匠的成就最终还是要靠技能本领来支撑。掌握过硬的技能本领，是成为优秀工匠的基本功底。在成长的路上，没有捷径可走，唯有勤奋学习、转变思路、修身养性、掌握技能，才能通往成才之路。

一、学习知识技能

学习是个人获得技能的首要途径。单位组织的培训学习很重要，个人在工作内外各种场合的学习也很关键。人非生而知之者，孰能无惑？学习让人们变得聪明、能干，工匠也都是在不断学习中成长起来的。齐鲁工匠山东聊城中通客车公司钳工技师工作站副站长、山东省首席技师张则强是一名在钳台上成长起来的“金蓝领”，《钣金技术》《气焊工》《电焊工》《电焊工艺学》《机械制图》……他的读书清单很长，都与工作密切相关。“一线工人不需要读书，那是老皇历了。现在要干好，不读书哪成？”张则强对技术工人学习知识如此理解。

（一）现代工匠的学习内容

知识的海洋浩瀚无比，信息的更新更是瞬息万变。只有聚焦所用，进行有针对性的学习，才能适应现代社会对工匠的要求。综合优秀工匠们的学习经历，学习的基本内容包括：工作岗位需要的知识、技能，以及进行创造性工作所需要的创新思维。

1. 知识学习

知识的类型很多，涉及领域也极其广泛。要想成为现代工匠，就要重点学习跟岗位相关联的知识。对于现代技术工人来说，对知识的掌握程度可以因人而异，也可以因岗位而异。可以把应学的知识分为三个层次：应熟练掌握的、应知应会的和略有知晓的。复合交叉是创新的一种模式，拥有的相关知识越多，就越容易出创新成果。各类知识的融通，也有利于产生解决技术难题的新思路。

2. 技能学习

对于技术工人来说，技能就是吃饭的家伙、把式。技能水平高就意味着收入高。

---

① 张鹏飞. 新时代工匠精神的塑造［M］. 北京：中国言实出版社，2018.

所以，几乎所有的技术工人都会把技能学习放在首位。一个岗位上所需要的技能有时并不是单一的，而是需要多种技能的组合。把握岗位所需的技能要领，才能胜任岗位职责。

3. 创新思维学习

创新时代，必然要用创新思维去工作，才会不断有新成绩出现。现代工匠从经验中走来，在创新中成长。创新思维是一种工具，一旦掌握，便会产生无穷的力量。学习和掌握创新思维后，将创新思维运用到日常的工作中，便会不断产生创新成果。

（二）学习的路径和方法

1. 明确学习目标

目标是凝聚注意力和精力的法宝。技术工人的学习目标一般可以划分为：胜任岗位、完成任务、攻克职称职级难题、提升技能素质、职业发展开拓创新、修身养性。这几类学习，是从基础的学习到自愿提升进步的学习，有一个递进的过程。不同水平阶段的技术工人可以根据自己所处的状态有选择地学习。学习本身也是累积的过程，基础扎实，才容易进阶发展。无论哪一种学习都会有益处，自身的成长也会推动组织的进步，一个乐于学习、追求进步的技术工人在哪里都会得到尊重和认同。

2. 锚定学习对象

学习中如果有明确的学习榜样，会大大缩短学习的时间，提高学习的效率。对于年轻的技术工人来说，学习的对象可以有很多。无论这个对象是否在你周围，是否与你有交集，只要他有一技之长，都可以把他作为学习的榜样和目标。国内外技术能手、师傅、同行、劳模、工匠都可以是学习和追赶的对象。

3. 确定学习方法

正所谓“处处留心皆学问”，观察模仿是学习的第一步。“三人行必有我师焉”，把自己的学习姿态摆对，以学习者的心态捕捉每一个有用的内容，从每一位接触的人那里学习他们的长处。“外行看热闹，内行看门道”，学习时还要用心学，去把握精要的部分，善于总结思考，悟出其中的道理，这样学习才会有更多的收获。有五种学习组合方案可以借鉴。

（1）碎片化学习与系统化学习相结合

碎片化学习是指通过一点一滴的信息和知识的获取以及学习、思考的积累，达到了解情况、增加知识、提高技能的目的。它是一种无时不有、无处不在的学习方式。这种学习方式灵活度高、针对性强，学习的知识也更容易被学习者吸收。

系统性学习呈现专业性、集中式、连续性等特点。碎片化学习信息容量大，时效性、前沿性强，系统性学习系统性强，有利于夯实基础。系统性学习一般会伴随学历或专业的纵深学习。

如果用一棵树来比喻的话，系统性学习是树根和主干，碎片化学习则是树枝、花朵和果实。技术工人想要快速成长为一棵大树，就需要将两种学习方式紧密结合。

（2）在“干”中学与在“练”中学相结合

工匠不是教出来的，只有通过不断摸索和自我修炼才能让看起来一模一样的产品品质更卓越。技术工人的技能学习一般会紧紧围绕本岗位工作需要开展。绝大多数技术工人是边干边学，在干的过程中遇到问题再通过学习解决。大国工匠胡双钱在车间里从不挑活，什么活都干，通过完成各种各样的急件、难件，他的技术能力也在慢慢积累和提高。

不断给自己订立新目标，通过在平常工作中有意识地训练来获得相应的学识和技能，也是一种常见的学习方式，即“岗位练兵”。技术工人这种紧密结合工作的学习方式，目标清晰，也最易见成效，颇受企业欢迎。当然，这种学习同样需要技术工人自身的主动性和积极性，要不断给自己定出新的技术高度，严格约束自己在工作中的状态，抓住一切可以训练提升的机会，坚持不懈地学习。正所谓“干无边界，学无止境”。

研磨大师魏红权总结自己的学习感受：“每次解决一个难题的时候，我都感到欣慰和自豪，这些工作给我一种成就感。其实掌握好技能，没有什么窍门，也没有捷径，任何手艺都是磨出来的，关键是要执着。”

（3）拜师学与自己悟相结合

俗话说“师傅领进门，修行在个人”。拜师学艺是非常常见的一种学习方式，在很多企业工厂里，几乎每一个新人都会被安排一位有经验的师傅带。师傅的传道很重要，只有虚心学习、认真模仿，仔细揣摩其中的道理，才能领悟背后的深意。跟师傅学也一定要主动学习，不能拨一拨才动一动。师傅教完后还要苦练，以便尽快掌握要领。除了跟着师傅学，观察别人的工作方法也是一种学习方法。

（4）传统学习方式与现代学习方式相结合

传统型的学习是跟着学、比着学、看着学，从师傅、教师、书本上获得知识，从机器设备的操练中获得能力。在现代工厂里，许多企业都保留着“师傅带徒弟”的传统育人模式，这种模式对于刚入职的新人来说非常重要，师傅们的经验是新人成长的捷径。有些窍门、规则、方法，师傅们可能一点即通，比自己摸索或者从书本上学习都直接有效得多。然而在现代社会，沟通工具和信息渠道很多，各类智库、视频网络课程、微课也非常丰富。这些课程不受时空限制，而且很多课程也同样细致精彩，为想学习的人提供了更多样化的途径。学习方式的变革，让学习不再限定于教师、教室、课堂。想成才，外部的障碍和困难基本消除，剩下的就是自己的努力和付出了。

（5）阶段性的重点学习与终身学习相结合

工匠们的学习主要是围绕工作开展的。当接到一个新任务的时候，通常也面临着新的挑战，此时一般会有比较密集的阶段性学习。可以通过看书、查资料、请教前辈或者同行等方式，努力攻关，直到成功完成任务。这种学习有侧重，时间短、强度大，但成效显著。也有的阶段性重点学习是赶上了好的学习机会，集中一个时间段来补充相应的知识和技能，这一般是单位组织的培训。

然而，从长远来看，学习不是一蹴而就的，学识和技能要不断积累才能有质的变化。尤其在当前的社会背景下，知识和技术更新速度很快，学习变成了日常的必备功课。如果不想被组织和社会淘汰，就要持续学习、终身学习。终身学习将是每一个紧跟时代的人的必然状态，没有例外。谁的知识和能力都需要跟着时代进步的节奏而同步更新。

二、革新思路方法

优秀的高技能人才，不仅是不畏辛劳地勤学苦练，还要勤于思考，因为好的思路和方法往往会带来事半功倍的效果。

（一）依托岗位思考

弘扬工匠精神，工作岗位是最好的课堂。如果每个劳动者都能在平凡的岗位上敬业奉献、精益求精，在追求品质的过程中不断锐意进取、超越自我，其实就是在将工匠精神发扬光大。工匠精神只有依托岗位才能形成一种价值观，才能培育出企业的内生动力。一份职业，一个工作岗位，是一个人赖以生存和发展的基本保障。在自己的岗位上从事有意义的工作，才能带来真正的满足感。秉承工匠精神，一定要摒弃那种“事不关己，高高挂起”“戳一下动一下”“马马虎虎就可以”的想法，而是要在岗位上坚守本分、勤奋思考。

被称为“工匠”的人们无不立足自己的工作岗位，与自己的“作品”建立起紧密关系，并把它们看成是有生命、有灵气的个体，用心跟它们交流，锲而不舍、精益求精地追求品质上的完美。工匠们不断雕琢自己的产品，享受产品在手里升华的过程，不断改善自己的工艺，让产品最终以符合自己和岗位要求的形式呈现。

（二）创新思考

工匠精神包含着创新精神。有一个词叫“匠心”，意思是精巧的心思、技艺上的创造性；有个成语叫“匠心独运”，意思是“独创性地运用精巧的心思”，这里面都蕴藏着创新的内涵。有了做匠人的初心，不断提升技艺，才能修炼“匠心”。工匠精神培育需要漫长的过程，只有经过“匠术”“匠德”和“匠魂”的锤炼，才能让“匠心”真正地深入人心。如果缺乏创新，工匠精神便无从谈起。

创新是一门技术活儿，也是一门风险活儿。工匠精神与创新在本质上是同源的，那就是通过改变来改善，通过改善来获得更好的产品和客户满意度。工匠们全身心地投入工作中，在大量的精细劳动中积累经验，所以非常容易发现问题，产生改善或创造的欲望，也更容易去验证一个个的改进方案。

这个时代注定要用创新来推进，以变革来适应，没有创新的重复是成就不了时代需要的匠人的。虽然行业千差万别，岗位要求迥异，但只要用心观察，用心来满足岗位和客户的需要，就有可以创新的基点。匠心并不远，就在你身边；创新也不难，意愿最关键。

（三）与时代同步地思考

改革开放以来，我国的制造业高速增长、雄冠全球，但高能耗、低创新、低附加值让“中国制造”难以在国际上冲出重围。“十四五”规划和2035年远景目标纲要绘就了中国制造业的发展蓝图，也表达了国家的决心，要用工匠精神打造出更高美誉度和附加值的“中国质量”和世界品牌，用现代工匠精神展示“中国自信”，传递品质自信、技术自信、工艺自信和服务自信。

这个时代在快速发展，技术更迭，信息爆炸，需求差异化，人们对产品既要求有好品质，还要求舒适、有个性，对服务也要求更便捷、精准。技术工人的使命绝不是当好某个岗位的螺丝钉，在时代大潮面前，每个人都应主动担负国家发展使命，去与时代同步思考和发展，创造有生命力的未来。新时代的工匠精神依然是追求极致与卓越，依然是一丝不苟地投入和钻研，但在这个瞬息万变的时代，还要多一分突破和创新的勇气，不畏惧加入新元素、开发新技术，并将新技术也做到精益求精，具有新的时代气息。

（四）团队思考

工匠要对产品精心打造、精工制作，在当前特定的时代背景下，必然要不断吸收最前沿的技术。要达到这个目标，就要靠团队合作。团队是成员的志愿或责任相同，但各有所长又互相协作的一个共同体。它合理利用每一个成员的知识和技能协同工作、解决问题，以达到共同的目标。

团队协作，在系统化的时代已经成为一种必需的形式。伴随新知识、新技术的层出不穷以及社会需求的多样化，个人能力已经越来越无法应对错综复杂的问题，很多时候，团队的力量更有利于高效处理问题。团队精神是大局意识、协作精神和服务精神的集中体现，以协同合作为核心，以尊重个人的兴趣和成就为基础，以凝聚全体成员的向心力为最高境界。青岛港装卸队全国劳模、杰出匠人许振超也大赞团队力量："装卸效率是集体协作的结晶，现代化大生产说到底最需要团队协作。仅凭我一个人，就是一身铁又能打几个钉?"几十年来，许振超练就了许多绝活儿，也带出了一支有绝活儿又能创新的团队。

（五）用互联网思维思考

在当今的时代，工匠不仅需要有传统的工匠精神，还需要有开放、包容、协作与创新的互联网精神。一个国家，缺失工匠精神走不远，没有互联网思维也会举步维艰。工匠精神强调品德和做事的态度，而互联网思维是一种模式，是宏观层面上的方法论。工匠精神和互联网思维互不矛盾，一个是纵向的，一个是横向的。

互联网思维给传统的产业带来了新的发展模式，也带来了新的发展契机。在当前的时代特征和发展模式下，没有互联网思维，企业将难以生存，个人的发展空间也会受限。

三、修炼匠心匠德

很多杰出的工匠都有自己的人生准则，如追求日臻完美的手艺，拒绝向金钱、时间妥协，一生只做自己认可的事，绝不扭曲自己的意志，一旦开始绝不会放弃，等等。他们反复琢磨，在精益求精中修炼匠心匠德，凝结成朴素的工匠精神。

（一）爱岗敬业

爱岗敬业是劳动者在职业生涯中所应遵守的基本职业道德，是对劳动者工作态度的普遍要求，是衡量一个人是否具有职业道德的首要标志。爱岗即热爱自己的本职工作，对所从事的工作怀着热爱、珍惜之心，自觉维护岗位的荣誉感。敬业是劳动者以明确的目标选择、朴素的价值观、忘我投入的志趣、认真负责的态度从事自己的工作。

爱岗敬业原本是对一个从业者基本的要求，但现实中有些人对自身的工作岗位却没有敬畏之心，得过且过地糊弄着完成任务。热爱岗位，将工作做到极致，是工匠精神的基本要点，也是工匠的基本操守。要想修炼成工匠，最基本的前提就是保持对职业的恭敬和热爱，以严谨的态度对待岗位，尽自己最大的努力去将本职工作做好，做到尽职尽责、忠于职守。

（二）专心专业

工匠要生产有灵魂、有生命力的精致产品，必须对自己的产品有使命感，全身心地关注产品，然后专心地去做好每一个细节，力求尽善尽美。

俗话说，定能生智、静能生慧。“专心”的最佳状态就是心无旁骛、凝神静气。只有让自己的心保持轻松自由、洒脱自在、宁静安详，才能不断超越自己，完成挑战。这种境界需要强大的内心定力，以致不为外界浮华所惑，不为压力所乱，不为任务所急。大国工匠如潘玉华、胡双钱、高凤林等在作业中所展现出来的万无一失、零缺陷、挑战不可能，都是对“专心”极好的印证，专心才能成就专业。当然，专心也需慢慢修炼而成。

练就过硬的技能，达到良好甚至高超的专业水平才会有精致的产品出现。当然，要达到专业水平绝非一日之功，需要坚持目标不放松，日复一日地操练；需要克服操作过程中种种的失败、障碍，执着、冷静地应对问题；需要开放的思维和变通地思考。

（三）坚定信念

信念是指一个人坚信某种观点的正确性，并支配自己行动的个性倾向。信念是激励一个人按照自己的观点、原则和世界观去行动的思想倾向，是一个人在长期的实践活动中，经过深思熟虑所决定的努力方向和奋斗目标。信念是情感的倾向性和意志的坚定性，超出单纯的知识范围，是一种综合的精神状态。

用通俗的话来说，信念就是你坚定地相信什么，这种带有世界观、价值观特征的相信，会直接影响到你的言行。信念说起来有些虚无缥缈，但它是让我们在困境中前行的动力，是我们在前途渺茫时的指路明灯。这种强大的内心支撑和行动动力，会令人排除世俗干扰，不犹豫、不徘徊，勇往直前。纵观历史，几乎每一个杰出的工匠都坚守着自己的信念，依靠着强大的信念走出不同寻常的路。

（四）追求精进

追求精进是工匠精神的核心内容之一。追求进步和完美是一种工作态度、一种内在驱动，也是一种品位和责任。想成为工匠，首先要以严守岗位责任为基础，其次通过精进自己的技艺和学识获得追求完美的能力，最后要静下心来，全身心地投入事业，将产品做到极致。

优秀工匠之所以取得成功，其实都可以追本溯源到本人认真的习惯、担当的意识和内心对美好的追求。如果一个人就以“差不多”“能应付过去”的标准要求自己，就不可能成长为工匠。工匠通过工作得到收入，但工匠不仅仅只为收入而工作。人不是天生就上进或者追求完美，一个良好的环境会让美好的心愿产生，一次特别的事件，可能也会激发人们认真的态度。抓斗大王包起帆因为一次码头装卸事故便立志要消除码头工人的安全隐患，让兄弟们不再那么吃力和危险地工作。工匠的成功之路不是上名校或成为白领精英，而是追求职业技能的完美和极致。靠着传承和钻研，凭着专注和坚守，他们把手中的产品做到最好，并享受作品在自己的双手中升华的过程。

（五）尽职尽责

责任一般指个人分内应该做好的事，如履行职责、完成任务等，同时还包括如果没有做好自己的工作所应承担的不利后果或强制性义务，如担负损失等。责任伴随着人类社会的出现而出现，有社会就有责任。承担责任是身处社会的个体成员必须遵守的规则和必须履行的职责。

一位企业家曾经这样说道：“如果你能真正钉好一枚纽扣，应该比你缝制出一件粗制滥造的衣服更有价值。”其中的道理很清楚，职场中的基本操守是努力尽职尽责对待自己的工作，无论这份工作的具体内容是什么，最重要的是真正把它做好。俗话说：修身先修心，做事先做人。要成为一名杰出的工匠，便要坚持自己的道德操守，履职尽责地完成自己的工作。坚守每一分责任，才能赢得尊重。

（六）勇于挑战

当前，我国部分产品存在质量不高的问题。据统计，相对于国外同类产品，国产基础部件产品的使用寿命仅有其的 1/3 到 2/3，而通用部件产品寿命只有其的 50％到 70％；模具产品一般使用寿命较国外低 30％～50％，精冲模寿命一般只有国外先进水平的 1/3 左右。因此，我国制造业的腾飞需要所有的从业者勇于接受挑战，勇于突破创新，攻坚克难。时代飞速发展，技术的进步会带给技术工人很多新的挑战，也伴随着很多发展机遇。要成为优秀工匠，就必须勇于接受各种挑战，战斗到时代大潮的前沿，胆大心细地尝试新的解题方案。迎接挑战只有勇气是远远不够的，还必须有扎实的基础技能，以及一个不怕失败、屡败也要屡战的精神状态。

四、练就技能绝活儿

（一）一万个小时定律

一万个小时定律是指要成为某个领域的专家，至少需要一万个小时的练习，按每天工作 8 个小时，一周工作 5 天来算，至少需要 5 年。这是格拉德威尔在他的畅销书《异类》中提出的观点。他说："人们眼中的天才之所以卓越非凡，并非天资超人一等，而是付出了持续不断的努力。一万个小时的锤炼是任何人从平凡变成超凡的必要条件。"英国神经学家 Daniel Levitin 认为，人类脑部确实需要这么长的时间去理解和吸收一种知识或者技能，然后才能达到大师级水平。顶尖的运动员、音乐家、棋手，至少需要花一万个小时，才能让一项技艺至臻完美。科学家通过大量的调查研究已经达成共识，那就是所有顶级高手都是练出来的。

李小龙说："我不怕练过一万种踢法的人，但我害怕一种踢法练过一万次的人。"他能站在世界功夫之巅，这实际是他 10 年艰苦训练的结果；比尔·盖茨创建微软公司时，已经连续练习了 7 年的程序设计，完全超过了一万个小时；跳水冠军郭晶晶从幼儿时期就开始跳水训练，到取得世界冠军时，也远远超过一万个小时的积累。一项技能经过一定程度的反复练习，才可能变成自己的绝招儿，正如中国古话所说："十年磨一剑。"

人们都羡慕那些成就非凡的弄潮儿，他们的大多数其实也和我们一样是平常人，之所以能脱颖而出是因为他们有超人的耐心和毅力，肯花一万个小时甚至更多的时间来训练和学习积累。所谓"水滴石穿，终成正果"就是这个道理。如果想要像那些杰出人物一样出类拔萃，就先别埋怨自己没有机会、怀才不遇，而是先问问自己功夫下得够不够，有没有付出超过一万个小时的努力。无数事实证明，一个人只要不是太笨，有一万个小时的苦练打底，即使成不了大师、巨匠，至少也会成为本行业的一个具有丰富经验的行家。在成功的诸多要素中，唯一能为我们所掌控的，恐怕就是这一万个小时了。

（二）苦练加巧练

工匠是怎样炼成的？中国自古以来比较强调一个"苦"字，冬练三九、夏练三伏，甚至是头悬梁锥刺股、闻鸡起舞、废寝忘食。荀况《劝学》中有"骐骥一跃，不能十步；驽马十驾，功在不舍。锲而舍之，朽木不折；锲而不舍，金石可镂"。常言还有：勤能补拙，功到自然成。做工匠要凭借着不懈的努力和付出，勤奋苦练，努力钻研。

刻苦的练习所追求的是真正的卓越。日本“寿司之神”小野二郎是全球最年长的三星大厨，他不工作时永远戴着手套，连睡觉也不懈息。他做的寿司在客人用手拿起的时候不会松散，而入口时又可以轻巧地散开，形成所谓的“崩裂感”。对于寿司内部会形成这样神奇的结构，小野二郎之前也没有想到，美妙的事情就在他苦练几十年之后自然而然地发生了。二郎说：“我一直重复同样的事情以求精进，总是向往能够有所进步。我继续向上，努力达到巅峰，但没人知道巅峰在哪儿。我依然不认为自己已臻完善，我爱自己的工作，一生投身其中。”这是真正的工匠气度，不厌其烦地重复做一件事，直到完美。

苦练并不是毫无意义地一遍遍重复，而是苦练加巧练。要制定稍稍超过自己现有能力的明确目标，不断挑战自己的能力极限，不断解决遇到的问题，使自己的目标一个个达成，工作难题一个个得到解决，从而使自己的能力和技术不断突破。实时地设定好前进的方向，用正确的方法，每天去总结思考。同时，还要做好沟通，沟通是人与人之间思想和信息的传递。有效的沟通，可以传递正面的信息，有利于问题的快速解决。

巧练还要注意不贪多求快，不好高骛远，不眼花缭乱，一步一个脚印地练，一点一滴地成长，每天只要进步一点点，都会有可期待的美好未来。

五、学会时间管理

科学家经过对人的大脑研究后证实，影响人的智商的脑细胞大体相当，也就是说，每个人的潜质相差无几。那么，为什么有的人显得聪明，有的人却很愚钝；有的人有所作为，有的人却碌碌无为？这种差异源自哪里？对此，哈佛有一个著名的理论：人的差别在于业余时间，而一个人的命运决定于晚上 8 点到 10 点之间。鲁迅先生曾说：“我是把别人喝咖啡的时间用在写作上的。”中国女排有一句大家都喜欢的格言，那就是“只有付出超人的代价，才能取得超人的成绩”。由此不难得出：人与人的差距，主要在于时间的安排上。

（一）时间资源对每个人都平等

时间是一种资源，每天 24 小时，一年 365 天，对于每个人都是公平的。如果根据“五天工作制”的时间安排，每周 168 个小时中，规定的工作（学习）时间 40 小时（占比 23.8%），睡觉时间 56 小时（占比 33.3%），吃饭每周 12 小时，其他生理必需时间 12 小时，剩余时间为 48 小时（含文娱、电话、交通等时间）（占比 28%），其中再扣除 27 小时的各种必需的社交、交通、运动、家庭时间等，那么剩余的 21 小时（每天 3 小时）是相对可以自由支配的业余时间。

对这段业余时间的支配便极为关键。个体差异就在于怎样开发和利用这每周的 21 个小时闲暇时间和 40 个小时的工作时间。只有把握住属于自己的每一刻时间，有目标、有计划地进行安排，合理地进行时间管理，才能发挥时间的最大价值。

（二）充分利用业余时间，实现自我发展

工作之余的时间对每个人都很重要。只要留心就会发现，我们身边有许多因为充分利用业余时间而出类拔萃的人。他们读书、学习、交流、思考，让自己充实而有收获。“85 后”技师苗立岐多年来一直坚持学习理论知识，利用业余时间刻苦钻研，练就了 7 小时组装一辆汽车的骄人业绩。太多实践证明，每晚抽出 2 个小时的时间用来阅读、进修、思考或参加有意义的演讲、讨论，坚持数年之后，人生会发生良好的改变。

相反，那些一事无成的人恰恰是不懂得珍惜和利用业余时间的人。他们或沉迷于社交、游戏，或消耗在酒桌、牌桌。正如一位哲人所说：“闲暇时间生产着人才，也生产着懒汉、酒鬼乃至流氓、罪犯。”而另外一些人看似业余时间忙碌，却因为目标模糊、方向不清变为“穷忙族”。

工匠练就一项技术，成就一件产品，绝非一日之功，没有万把个小时，手头的技艺就无法做到极致。长期持续的练习需要时间，而白天正常工作不能耽误，只能利用业余时间、积累碎片时间进行钻研。可以说，大量杰出的人物都是时间检验出来的，也是在业余时间里磨炼出来的。他们是凭着从海绵里挤时间的精神，经过千万次的磨炼，才练就了卓越的技艺，取得了耀眼的成就。

（三）明确目标，有效管理时间

时间的有效使用通常是以目标为导向的，也就是说，有了目标，对时间才能进行更有效的管理。

美国最大的问答网站 Quora 上有一个针对时间管理的假设，说的是时间管理中存在的困境：每个人都是一个武士，要出发去拯救公主，公主在失火的建筑中等待着救援，坚持不了太久。不幸的是，不断有帝国突击队的成员来袭，尽管你希望能尽快赶去营救公主，而敌人却在不断出现。如果不反击你就会被打死；如果你恋战就无法援救公主。

故事里的公主代表着每个人心中的梦想，等候太久就会被火海吞没。在实现梦想的路上，会有各种始料不及的障碍，我们必须有充分的思想准备和应对之策，否则梦想就会熄灭在实现的路上。在我们的生活中，有些人每天都十分忙碌，效率也不可谓

不高，该做的也都能准时完成。但当他们要去做一些对人生很重要却并不紧急的事情时，却总也找不到时间，好比一个一直在赢的武士却永远救不到公主。一个人如果长期无目标地疲劳战斗，时间管理便会沦为空谈。要对时间进行有效管理，可以从以下三个方面着手。

1．建立一个任务表格

将你所有想做和必须做的事情全部罗列进去，并按照紧急和重要程度进行优先顺序排序。这个表可以是每日列表，也可以是每周列表，最好还制定一个半年计划表或年计划表。这样，一段时间内的主要目标就很清晰了。最重要且最紧急的事情，列在首要位置，这是要花很多的时间和精力去做的。对于不是很紧急但是重要的事情，也要列在醒目位置，同时安排出时间去完成。对于普通人来讲，大量的事情都是可做可不做的非重要事情，这个比例会占到总任务的80％。

2．学会取舍，有选择地使用时间

所谓有“舍”才有“得”。工作越久，你就越会发现，真正有所成就的人，往往是敢于放弃的人。就如任务表格中归类的那样，在我们生活工作中，不重要的事情、非必须完成的事情在数量上非常多，也占据了我们大量的时间和精力。如果我们都是有求必应或者完全随意地消磨时间，那么再忙也无法实现目标。所以，我们要学会取舍，舍弃那些与我们总目标不太相关的事情，舍弃那些可做可不做的事情，拒绝那些纯粹消磨时光的事情。

刚开始放弃或者拒绝的时候，往往会感到难受，这是多年形成的习惯和求全责备的心态发出的抗议。可是时间久了便会发现：不重要的事情做不完也不会有什么严重的后果，不重要的邀请没接受也没有多大关系，倒是重要的事情老拖着不做往往会产生严重后果。

3．形成好的习惯

好习惯之一：不拖拉。日事日毕，努力按计划完成任务目标。不要给自己找借口或者理由，即便真的遇到意外的困难，也要尽最大努力来尽快完成。

好习惯之二：物品摆放有序。随手摆放物品是时间管理的大忌，因为我们在需要用的时候，常常要花很多时间去找。所以，工作和生活中的物品一定要放在固定的位置上，摆放有序。

好习惯之三：及时整理，处理掉无用的物品和事件。好的整理习惯会帮助你梳理清楚当前最该倾注精力的事情，也可以帮助你去除那些可能会消耗你的时间精力、带来混乱的干扰事项。可以阶段性地问自己一些问题：我做了什么根本不需要做的事？

我做了什么能够由别人，并且应该由别人做的事？我做了什么耗时过长的事？我做了什么会浪费别人时间的事？

好习惯之四：随身带着学习材料或者可以记录、查阅的设备，保持随时记录的习惯。这是应对碎片时间最好的办法，把随想、随悟、随学都记录下来。正所谓“好记性不如烂笔头”，记录可以帮助我们深入地思考和分析，也可以将经验积累下来。

最后还要提醒的是：管理好时间，不是光学习不休息，而是了解自己需要休息多长时间，保证基本的休息调理时间。人不是机器，过多的压力和消耗会使得体能和智力都受影响。没有了好的身体和精神状态，所有的一切都会沦为空谈。①

① 王如平，苏瑞莹，丁钊．新时代工匠精神教育读本［M］．北京：中国电力出版社，2020．

第四章　职业院校工匠精神培育现状

第一节　职业院校大学生工匠精神培育现状

职业院校大学生工匠精神的培育和传承对工匠人才的培养具有重要意义。本研究从职业院校大学生对工匠精神认知及功利性择业现状、职业院校大学生职业态度现状调查、职业院校大学生职业道德现状、职业院校大学生职业能力现状、职业院校大学生职业理想现状五个方面进行样本调研，以期能对职业院校大学生工匠精神培育现状有一个清晰的认识。

一、职业院校大学生对工匠精神认知及功利性择业现状

为深入了解职业院校大学生对工匠精神的认知情况和择业情况，我们按对工匠精神的了解情况、工匠精神对职业生涯影响情况、工匠精神对收入影响情况、工匠意识对职业倦怠产生影响情况、劳动形式与高收入选择情况等五个方面进行调研，调研结果如图 4.1 至图 4.5 所示。

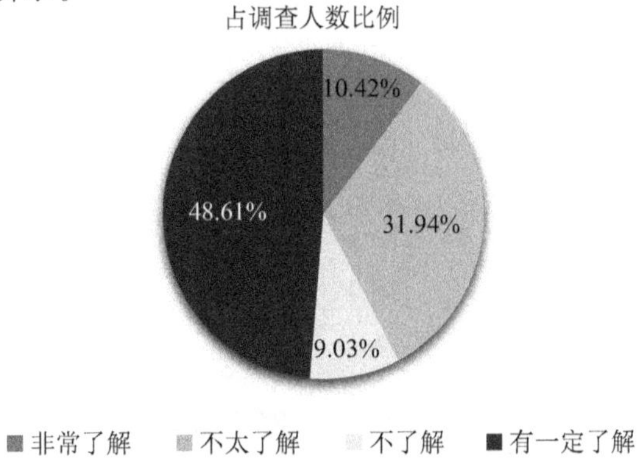

图 4.1　职业院校大学生对工匠精神了解情况

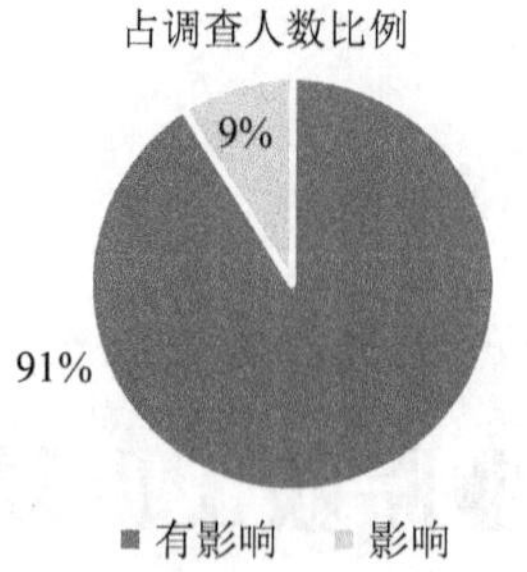

图 4.2　工匠精神对职业生涯影响情况

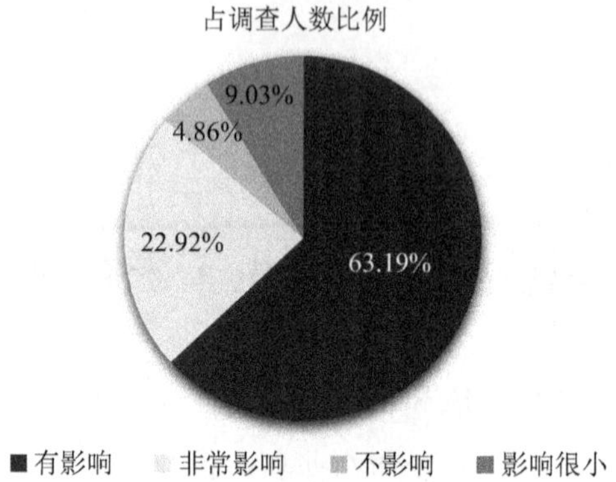

图 4.3　工匠精神对收入影响情况

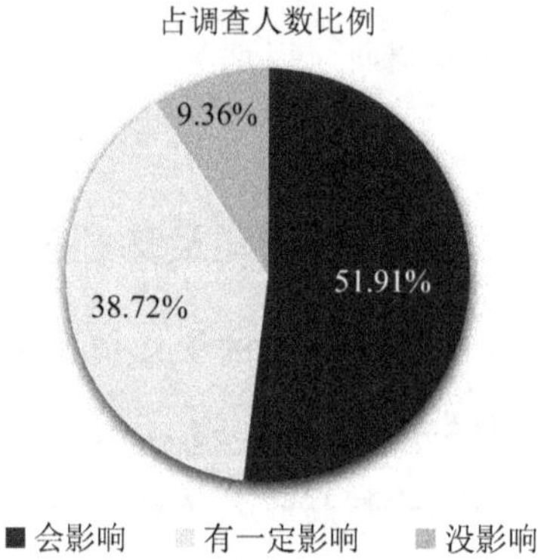

图 4.4　工匠意识对职业倦怠产生影响情况

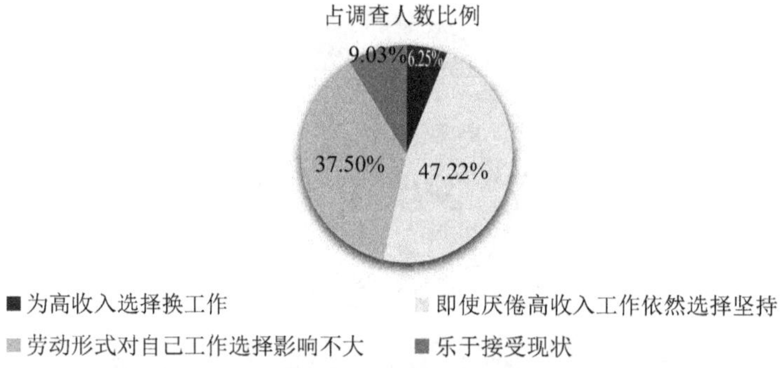

图 4.5　劳动形式与高收入选择情况

二、职业院校大学生职业态度现状调查

为清楚了解职业院校大学生的职业态度，我们从职业院校大学生对所学专业认可度、对严谨工作态度认可度、日常自我认真负责程度、职业态度决定性影响因素四个方面进行设计并开展现状调查，结果如图 4.6 至图 4.9 所示。

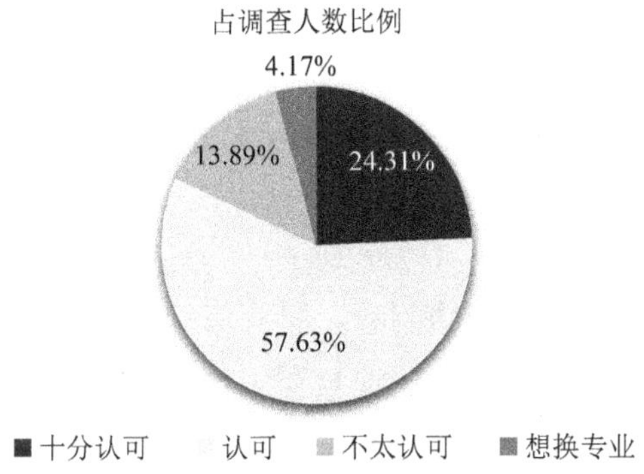

图 4.6　对所学专业认可度

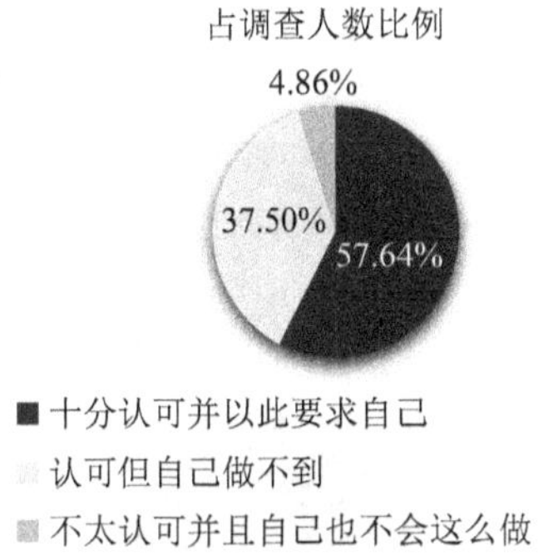

图 4.7　对严谨工作态度认可度

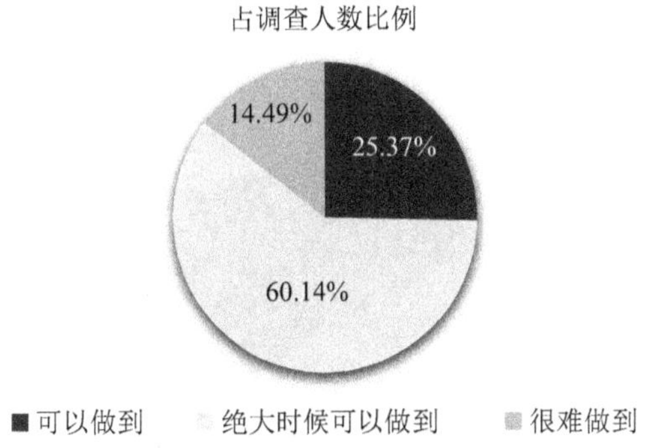

图 4.8　日常自我认真负责程度

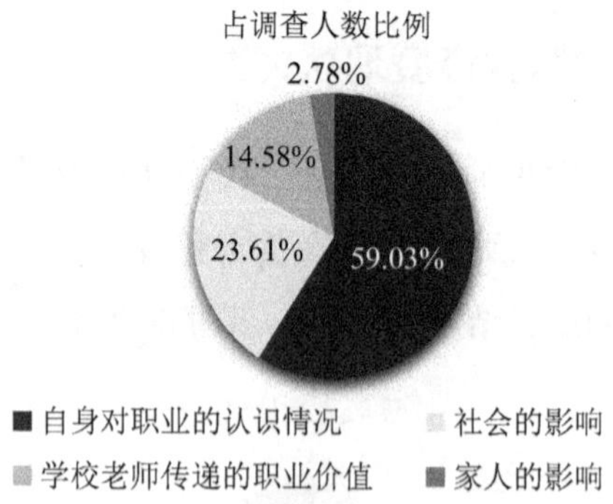

图 4.9　职业态度决定性影响因素

三、职业院校大学生职业道德现状

工匠精神的实践与职业道德相辅相成，职业院校大学生职业道德对工匠精神的培育具有强化作用，有助于工匠精神在职业教育中的传承与弘扬。为了解职业院校大学生职业道德现状，我们从职业院校大学生生活中是否有违反职业道德、对生活中出现违背职业道德行为时自身态度、坚守职业道德底线重要性、对当下热点问题的看法四个角度开展调研，结果如图 4.10 至图 4.13 所示。

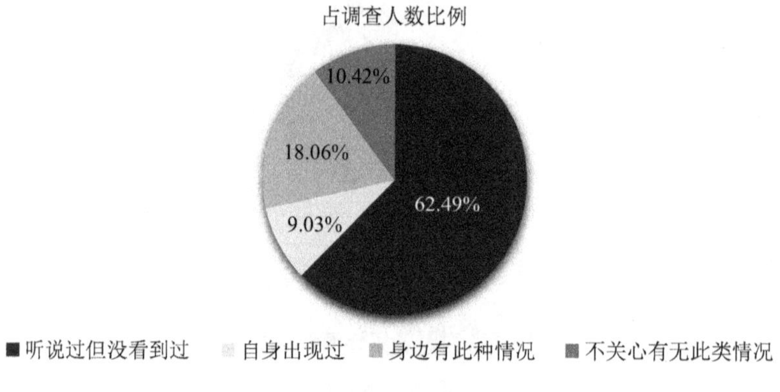

图 4.10　生活中是否有违反职业道德

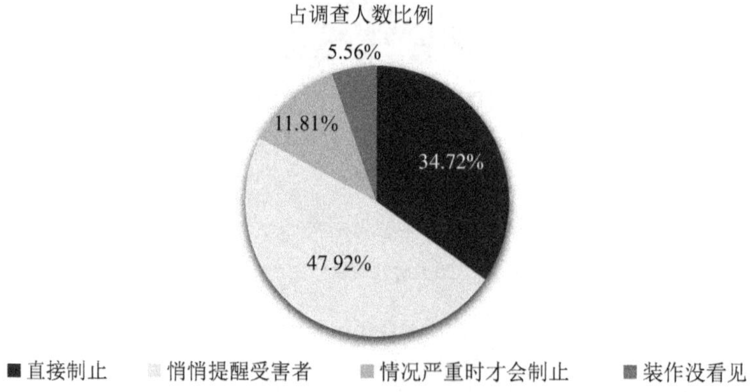

图 4.11　对违背职业道德行为的自身态度

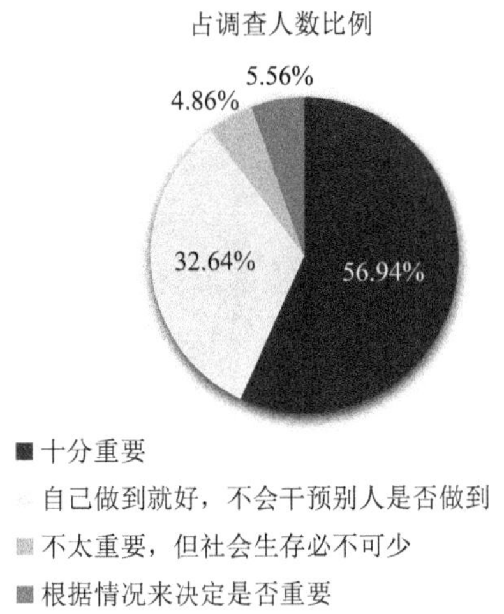

图 4.12 坚守职业道德底线重要性

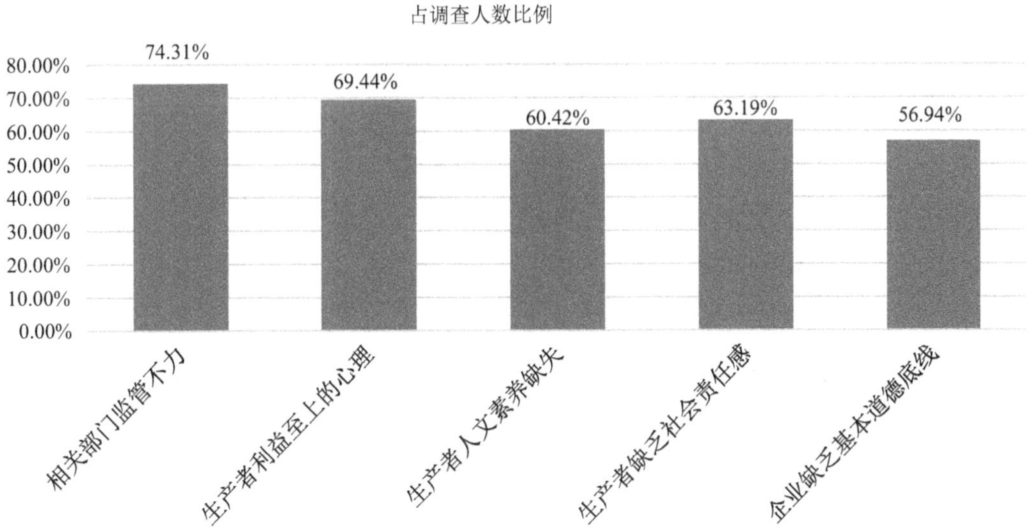

图 4.13 热点问题看法

四、职业院校大学生职业能力现状

职业能力会影响工匠精神的形成，对于职业能力和工匠之间的相互关系，有89.58%的学生认为自身职业能力的成长会受到工匠精神的影响，其他如最能提高职业能力的方式、大学生专注度、工匠精神与职业技能的关联性三个方面的调研结果如图4.14至图4.16所示。

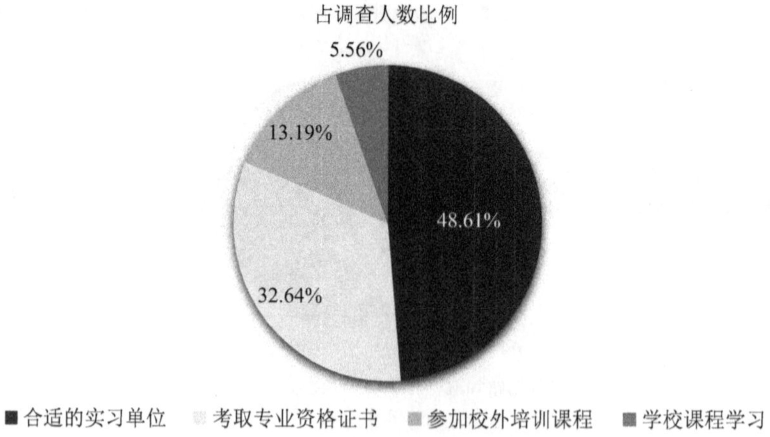

图 4.14　最能提高职业能力的方式

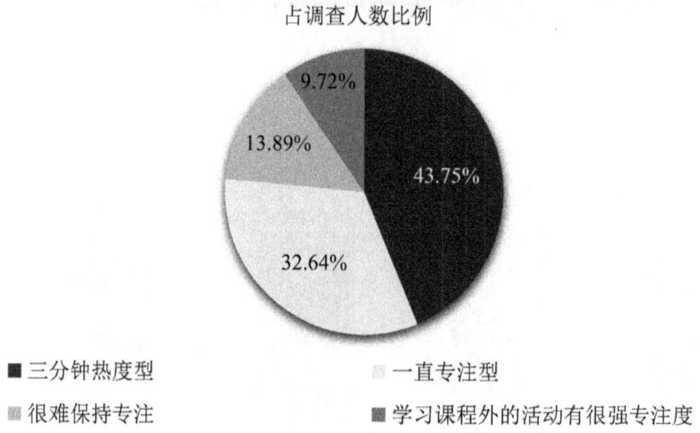

图 4.15　大学生专注度

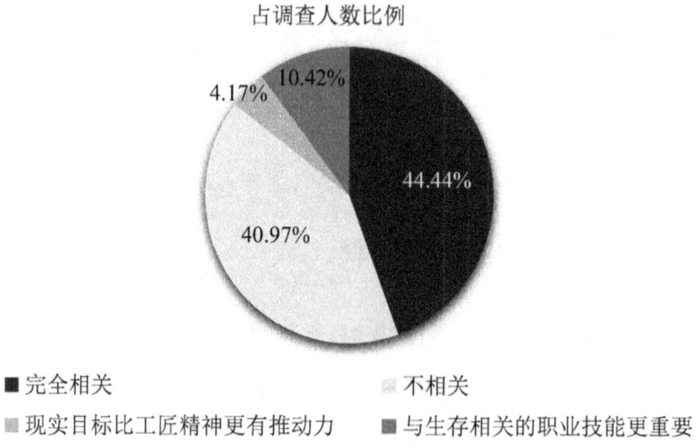

图 4.16　工匠精神与职业技能的关联性

五、职业院校大学生职业理想现状

职业理想对于实现职业价值有非常重要的意义，在调查中认为职业价值感对职业理想的实现非常重要的学生占比为55.56%，认为重要的占比44.44%。

对职业院校大学生自己是否有职业生涯规划的调查显示，有职业生涯规划的学生占比49.31%，而没有职业生涯规划的学生占比则达到了50.69%。

对理想职业选择的调查结果显示，充满挑战、能充分展示自我的职业是其理想职业的学生占比48.61%；认为与自己所学专业直接相关才是理想职业的学生占比23.61%；认为对所学专业无要求，工作强度能够接受且工资较理想的工作是理想职业的学生占比12.5%；认为能够提供稳定生活的工作就是理想职业的学生占比13.89%；认为父母家人或者亲友建议选择的职业才是理想职业的学生占比1.39%。

对阻碍大学生实现职业理想的最大影响因素的调查显示，认为教师水平有限而产生阻碍的学生有9.72%；还有69.44%的学生认为是自身学习动力不够导致的；认为教学内容与社会需求不符是影响因素的学生有14.58%；此外认为家庭或者社会因素影响职业理想实现的学生有6.25%。

第二节　职业院校大学生工匠精神培育存在的问题

一、职业院校大学生对工匠精神的认知模糊

“工匠精神”不仅适应时代发展的要求，还具有丰富的精神内涵。工匠精神的传承和教育不仅有利于职业院校学生培养良好的专业技能水平，还有利于提高学生的综合素养，同时可以极大地增强学生的职业竞争力。职业院校大学生工匠精神的传承教育，首先要让学生对工匠精神的内涵有深刻、清晰的认识，只有深刻领悟了工匠精神的内涵，才能对自己的职业行为、职业能力有清醒的认知。只有清楚知道大学生对工匠精神的认知情况，才可以根据实际情况制定人才培养对策。调查结果显示，了解工匠精神的占9.03%，非常不了解的学生超过40%，非常熟悉工匠精神的只有10.42%。由调查结果可以发现，对工匠精神核心内涵认知比较模糊的学生占绝大多数，甚至还有少部分完全不了解工匠精神的学生。认为工匠精神相当影响个人职业生涯的学生占比达91%，这说明认识到工匠精神重要性的同学越来越多，这些调查结果将更好地指导我们做好大学生工匠精神传承与教育工作。但对工匠精神重要性缺乏深刻认识的同学

也不少，而且还有些同学认为工匠精神可有可无，这些现象不仅需要我们重视，还需要我们对其产生的原因进行思考和反思。

二、职业院校大学生职业选择具有浓厚的功利色彩

前面相关章节讲到，工匠精神不仅具有重复、机械、异化劳动的非功利性精神特点，对于劳动过程中目的和手段的冲突、价值和工具的分裂及内容和形式间矛盾的解决也是一个重要途径，对促进人才的全面发展、解决异化劳动和职业思想的解放有重要的意义。随着当前社会环境中资本市场对大学生就业选择的强烈冲击，大学生在职业选择时表现出越来越严重的功利性色彩。例如，通过调查发现，认为自己会在重复机械的异化劳动中产生职业倦怠的学生占比 84.72％，选择换工作的学生仅有 6.25％，而认为高收入工作岗位可以忍受任何劳动形式的学生占绝大多数。认为充分展现自身能力的工作岗位吸引力大于高工资的学生仅有 48.61％，虽然几乎每个学生都同意职业价值感很重要这一观点。

三、职业院校大学生职业道德要求较低

职业道德中自身底线的要求贯穿于学生整个职业生涯，每个学生在未来职业生涯中如何实现自己的职业追求则是由职业道德标准的高度决定的。职业道德建设对于工匠精神的传承与教育是重中之重。从问卷调查结果反映的情况可以看出，重视职业道德的学生占大多数，这基本符合要求，但对职业道德不关心和有违反过职业道德行为的学生分别有 10.42％和 9.03％。对身边的人违反职业道德的情况，装作未看到或者情况严重才会制止的学生达到 5.56％和 11.81％的人数占比。从职业道德底线坚守情况调查结果可以看出，认为想过得更好，就要灵活对待职业道德底线的学生达 5.56％。作为个人崇高追求的职业道德，有些学生甚至连这道底线都守不住，说明现有职业教育在职业道德培育过程中存在严重问题。如果无法将高尚的职业道德在学生时期树立好，涉及的不仅仅是工匠精神能否传承的问题，更可能会对未来社会发展产生危害。

四、职业院校大学生职业责任感缺失

一个人称之为人的基本要素是能够对自身负责，对工作来讲同样如此。工匠精神的核心是一个人要有高度的职业责任感，而这也是保障每个人拥有长久职业生涯的根本，但当前选择得过且过却是部分学生对职业责任感的态度。调研结果显示，对自己所学专业不认可的学生有 13.89％，而想换专业的学生有 4.17％。对自己所学的专业不认可，换个角度来讲，就是对自己的职业也无法负责，因为这本身就是个错误的出

发点。认为自己做不到严谨职业态度的学生占调查人数的 37.5%，这也是职业责任——严谨职业态度没被这部分学生所认识到的基本表现，而他们也无法想象不严谨工作所造成的危害。最后，通过认真负责的调查，可以看出对自己的职业能够做到事事负责的学生占到了 21.53%，这也从侧面反映了满足现状的学生占了调查人数中的 21.53%，同时也可看出大部分学生处于满足于现状，不敢正视困难的阶段，这也看出在培育工匠精神的过程中充满困难。

五、职业院校大学生职业技能学习态度消极

进入大学后，与初、高中学习相比，在教学方法和管理制度等方面发生了巨大的变化。远离了家长，很多学生开始放飞自我，不愿接受老师的管教与约束，从而产生十分严重的学习动力不足的情况。通过调研，在职业技能知识学习中能持续保持专注度的学生仅有 32.64%，认为自身学习动力不足是技能学习最大阻碍的学生占调研人数的 69.44%。这些调研数据反映的是导致职业院校大学生消极对待自身职业技能学习的原因在于职业院校大学生自制力缺乏，比较自由散漫。还反映出职业教育在培养学生职业能力的过程中，对工匠精神的传承与教育存在很大的问题。[①]

第三节　职业院校大学生工匠精神培育问题原因分析

一、个人因素

工匠精神的培育和教育息息相关，其本质是人的问题，而最相关的就是培育对象自身的问题，尤其是对工匠精神整个培养过程有效进行的最大影响往往来自培育对象自身的一些特殊要求。通过访谈调查，我们对职业院校大学生的特点有了基本了解，主要是主动学习动力不足，基础学习能力较弱，职业规划能力较差，学习生活易情绪化，学习意志力不够强。这些特点的存在，容易导致工匠精神培养过程中出现下面几个问题：第一，就是自身情绪容易影响到职业态度，导致难以理性地对职业进行基本判断，而且从问卷调研结果中我们也可以看到，感觉自己无法做到严谨认真的职业态度的人有接近一半。第二，由于个人意志力不强并且没有足够强的自身规划能力，很多人在进行择业时缺乏自己的主见，只想从事一些高薪的工作岗位，却不知分析一下

① 曾小贵，宋丽. 职业院校学生工匠精神培育问题与对策探析 [J]. 广西教育，2018 (31)：13-14+52.

自己可否胜任和适合这个岗位。第三，因为自主学习意志力不够强，并且自身相关基础知识能力也比较差，那么就很难做到在艰苦的职业学习中艰苦奋斗和持之以恒。第四，因为自己没有强大的意志力，而且无法拒绝诱惑，那么自身价值观就容易被各种社会思潮影响，当代大学生的个人价值体系就很容易被利己主义、个人主义、功利主义等渗透进去，导致其对自己的职业目标和理想无法认清，并且产生一切向钱看的结果。

二、学校因素

职业院校工匠精神的培养主要和学生自身选择有关，作为承担思想教育和职业技能教育的职业院校，其在工匠精神传承和教育中的作用是无可替代的。

（一）学校硬件教学条件需要改善

此处的硬件主要是指和教学相关的器材及相关设备。随着技术更新越来越快，相关设备也需要较高的更新速度，但要满足相关器材和设备的持续更新，职业院校需要强大的财力来做支撑。但受实际条件所限，大部分职业院校所配备的教学器材及设备只能满足基本的教学要求，大多数学生认为学校还需要更多的资源投入相关实训设备和器材更新上。只有满足基本的教学条件标准，学生的专业知识和技能才能运用于实践，实现理实一体化教学模式，这样更有益于课堂教学的效果提升。

（二）师资队伍的素质还需提高

工匠精神的培育最大的依靠是职业院校教师，职业院校教师的能力对学生的职业认知、职业道德、职业能力水平等具有非常大的影响，因此对职业院校教师的团队能力有比较高的要求。如果职业院校教师不具备认真负责、精益求精等工匠精神素质，那么在教学实践中他们将难以将工匠精神从人格上真正传承给学生，而且也很难做到对学生真正意义上的负责。此外，职业院校教师要紧跟时代发展积极提升自己的技能水平，不然实践教学内容将有可能与企业技术水平严重脱节，从而使学生无法真正掌握有效的职业能力来帮助个人的职业发展，甚至导致学生产生抵触工匠精神理念的情绪，阻碍日后工作中自身职业生涯的发展。最后，在教师自身缺乏对工匠精神认知的情况下，实践教学中自身也难以达到工匠水平，那么他在教学过程中就大概率进行填鸭式知识灌输或照本宣科，从而不利于学生崇高职业理想的建立，还可能导致学生对工匠精神价值的怀疑。

（三）校园文化建设不够成熟

工匠精神的传承，不仅依靠传统的教学实践过程，还要依靠校园文化环境潜移默化的影响，校园文化环境对学生职业精神的影响是直接而深刻的，更易塑造学生的工匠精神。精神文化层面，校风、校纪、管理规则等直接影响职业院校学生的职业素养，相关要求不仅为学生的活动提供制度保障与精神上的支持，还会对他们良好道德情操的养成，高尚道德的追求，以及对学习、生活及工作产生激情起到巨大促进作用，促使他们成为富有进取精神的时代工匠。在对学生职业素养产生促进作用的同时，校园文化环境还会积极影响教师行为，并对其工匠精神素养的提升产生促进作用。

（四）学校评价标准不够灵活

大部分职业院校都根据自身情况建立了评优评奖体系，但根据相关调研可以看出，大部分评价标准都十分古板单一，对优秀先进学生的评选更多地参考学习成绩及各种比赛结果，哪怕现在考虑了思想道德等因素，但评价过程还是更多靠相关内容的考核评分。这种传统评优评先体系很容易导致学生产生功利性心理，使其产生认为只要完成评优评先标准要求的考核点，其他因素无所谓的职业态度，从而不利于职业院校工匠精神的真正传承。

三、外部环境因素

（一）政府政策引导力度不足

在工匠精神培养过程中，政策引导对职业院校工匠精神的传承与教育具有重要保障作用。在社会上各种思潮的冲击下，职业院校学生的职业精神越来越受到功利性心理的冲击，而工匠精神所独有的收入不够拔尖、工作辛苦，同时发展空间比较狭窄的职业属性，导致学生对自身所学专业的职业认同不高。“工匠精神”作为一个时代标签，已连续五年在政府工作报告中出现，但并未建立连续的支持政策和明晰的发展路径。当前工匠文化精神的宣传推广与扶持政策还处于摸索完善阶段，随着相关配套政策的推出，工匠精神的传承与发展将会越来越顺利。

（二）社会文化思潮的影响

我国传统工匠文化在历史上有辉煌的过去，但在现今社会文化氛围中，职业院校部分学生价值观的形成，却受到西方自由个人主义思潮的影响。自由个人主义思潮的核心是自私自利、一切以自我为核心，与己无关的事儿都不关注，这就导致学生职业心理不健全，也导致了前文调研结果中对不道德现象缄默不言的职业态度的出现。在这种精致利己主义思想的渗透下，具有脏活、累活特点的工匠职业得不到学生的青睐，更得不到相应的尊重和理解，导致学生对所学专业的不认同，不尊重，最终丧失职业理想。

（三）家庭环境对职业院校学生的深远影响

随着互联网技术的发展，人的社会价值观的形成受到社会文化思潮在各个方面的影响，当然，对学生群体家庭也产生了巨大的影响。学生家长在面对巨大竞争压力和各种诱惑的当今社会，也难以拒绝追逐自身利益的诱惑，当家长们自身知识储备和职业能力难以达到追逐利益的要求时，利用各种非法手段追求利益的行为将会不可避免地出现。家长的行为在价值观形成过程中对职业院校学生思想、行为的产生具有巨大影响。原生家庭对个体自我人格的形成有着深刻的影响，缺失了原生家庭教育的基础，哪怕付出再多的后期教育，大学生个体也难以形成正确的职业选择和现实社会认知。通过学校来帮助家庭对学生个体产生积极影响的能力是非常微弱的，只有原生家庭通过家庭成员自我修养的提高从而对学生个体产生正向影响这一路径去完成。[①]

---

① 王业挺，王东．职业院校学生工匠精神培养存在的问题分析［J］．黑龙江科学，2019，10（03）：56-57．

第五章　职业院校工匠精神的培育

第一节　职业院校教师工匠精神的培育

“工匠精神”所体现的核心内涵是“精益求精”，具体表现是“一种职业态度和精神理念，是工匠对产品精益求精，并不断创新的精神品质”。高举“工匠精神”旗帜，铸就“三高四新”战略深入实施下的制造强国之梦，是“十四五”规划和2035年远景目标纲要实现我国制造业转型升级的迫切需求。作为世界工业制造强国，“德国制造”也曾被贴上廉价、劣质、低附加值的标签，德国制造业“工匠精神”的形成经过了屈辱记忆、觉醒蜕变、潜心制造、渗入基因四个发展过程。与“德国制造”相似，“中国制造”正处于历史的转折点，为实现制造业转型升级，我国必须把“工匠精神”的传承和弘扬作为新时期的第一要务来抓。

职业教育作为培养“制造强国”核心人才的关键手段，在职业院校大学生中重塑“工匠精神”理念，将极大充实职业教育人才培养质量的内涵。教师是培养工匠人才的关键，而职业院校是开展工匠精神传承与教育的主要阵地。但现实情况却是大部分职业院校在工匠人才培养过程中片面地重视学生工匠精神的传承与教育，对关键培养传承者——职业院校教师的职业技能和专业素养的发展却容易忽视。

一、培育职业院校教师“工匠精神”的时代价值

“工匠精神”是我国实现“制造大国”向“制造强国”转型的核心驱动力。新时期要实现“十四五”规划和2035年远景目标纲要绘就的宏伟蓝图，需要“工匠精神”。职业院校教师的“工匠精神”特质是职业教育高质量发展实现的核心，而职业教育是

实现“工匠精神”传承的重要路径，这也是德国经验给我们的启示。但“工匠精神”在教师中普遍缺乏却是我国职业教育面临的一个残酷现实，高等职业教育作为实现“制造强国”战略目标的重要路径，对教师进行“工匠精神”的培养具有巨大的时代价值。“工匠精神”作为职业院校教师个人职业发展的突破口，具备“工匠精神”不仅是完成“立德树人”的职业教育根本任务的职业素养内在要求，也是其个人“一种职业素养和精神理念”的职业属性的要求，更是为实现制造业转型升级培养工匠人才的必备个人素养。

（一）实现“立德树人”教育根本任务的内在要求

把“立德树人”作为教育的根本任务在党的十八大上被明确提出，作为积极实现这一根本任务的职业院校教师迫切需要开展“工匠精神”的培养。以育人为根本，促进学生个人意识的激发，关注学生人格培养的完整性，让学生成为真正的匠人人才，这是“以人为本”教育理念对职业院校教师职业素养的内在要求。职业教育注重学生职业技能的培养，却忽视了教学过程中对学生学习态度、个人情感及社会价值观的培养，这是当下职业教育中存在的比较多的现实问题。这些问题的存在导致了两方面的后果：一是学生以精益求精为核心要求的职业素养塑造缺乏，但对自身技能培养比较注重，导致学生职业素养的片面发展；二是职业院校教师在教学过程中注重学生职业技能的传授，却忽视个人职业素养的培养和提高，对教师个人的职业发展和成长带来不利影响。

工匠精神的培养和传承不仅是实现“立德树人”职业教育目标的内在要求，也是通过学生职业素养提升实现学生人格完整性培养的必然要求。因此，要在职业教育过程中顺利培养学生对“工匠精神”的兴趣，增强学生自身对社会责任感的认同，职业院校教师“工匠精神”的培养必须加强。

（二）“工匠精神”是职业院校教师的职业属性

在我国灿若星河的历史长河中，留下许多与“工匠精神”有关的历史典故，如“土木工匠始祖鲁班”“铸剑大师欧冶子”等故事。随着工业技术的发展，人工作业逐渐被以机器作业为主的生产方式所取代，以“工匠精神”传承为核心内涵的手工作业逐渐淹没在历史长河中。随着时代发展，传统制造业面临转型升级的迫切需求，我国开始大力实施“制造强国”战略，在此背景下“工匠精神”强势回归。具有“工匠精神”的高素质工匠型人才不仅是制造业转型升级所急需的，也是新时代的战略发展需要。

2021 年，我国制定了“十四五”规划和 2035 年远景目标纲要，随着制造业升级，“工匠精神”再次回归大众的视野。“工匠精神”的回归是时代的战略需求，高素质技能型的工匠成为社会需要的人才。培养工匠型人才的主阵地是职业院校，而职业院校教师则成为工匠型人才培养的关键。

职业教育为我国制造业的发展培养了大批技能型复合型人才，尤其是培养符合时代需求的具有“工匠精神”特质的工匠人才，这个培养过程中职业院校教师起到了关键作用。作为培养我国工匠型人才的关键力量，“工匠精神”成为职业院校技能教师必须具有的职业属性。因此，对工匠型人才的培养，不仅需要在学生群体进行“工匠精神”的传承与教育，同样需要在教师群体开展“工匠精神”职业素养提升教育，只有这样，才能在工匠型人才培养过程中更好地发挥职教力量的作用。

（三）“工匠精神”是职业院校教师专业发展的突破口

“工匠精神”在职业教育发展特殊性要求下已成为职业院校教师必须具备的一项职业精神，而这一观点也被学术界所认同。当前，职业院校教师的职业素养水平已引起国家和社会的高度关注，职业教育师资水平亟须提高，而培养高素质具备“工匠精神”特质的师资队伍更是迫切需求。作为职业教育教师专业素养的外在表现，“工匠精神”是职业教育师资团队必须具备的。因此，必须以“工匠精神”的培养与传承作为切入点来提高职业技能教师的专业技能水平，从而提高职业院校师资力量的整体职业素养。

教师专业化的发展重点在于态度、情感及价值观念的提升，而不仅仅是专业能力、专业知识和教育信念等方面的体现。职业教育教师最根本的职业素养与精神理念是“工匠精神”，这也是职业院校教师职业素养的重要体现。工匠精神在职业院校教师身上的表现具体有以下几点：热爱自身本职工作，不断提升自身专业技能，对自己在教学能力和实践能力方面进行精益求精的要求，并在此基础上进行“匠心”锤炼；具有创新意识和敬业精神、不断追求极致的职业态度等。以“工匠精神”培养作为突破口开展对教师职业发展的研究，对教师职业素养的提高和职业生涯的发展将起到引领作用。教师职业生涯的发展不仅仅有专业技能与专业知识水平提升，还包含动机、观念和态度等方面的成长。因此，通过对师资团队“工匠精神”的传承培养，将在高职教师职业态度、观念等方面起到一定的促进作用。提高职业院校教师的专业水平，培养师资力量的“工匠精神”，将为职业院校教师的职业发展提供新的活力与专业内容。而这也将会使高职教师普遍具有“工匠精神”，促进职业院校教师能够将职业精神、专业态度与人文素养进行有机结合，更好更快地推动创新发展。

（四）“工匠精神”是职业院校教师培养大国工匠的必备素养

作为教学活动的具体执行者和实施者的教师，不仅要做传授知识的实施者，还要成为被教育者价值观、人生观的引路者。教师的教学活动会对学生产生直接、深刻的影响，具有示范性的特点，因此，教师教学活动具有权威性。能否真正完成学生“工匠精神”的传承与塑造，与职业院校教师是否具有“工匠精神”直接相关。2021 年 3 月 11 日，十三届全国人大四次会议表决通过了《关于国民经济和社会发展第十四个五年规划和 2035 年远景目标纲要》的决议，随着制造业科技水平的进步，我国制造业在逐步转型升级，具有“工匠精神”的职业技能型人才需求量越来越大，高素质技能型人才培养对我国职业教育提出了更高的要求和标准，而教师正是完成职业教育目标的关键力量。

“朽蠹不胜刀锯力，匠人虽巧欲何如。”工匠型人才需求是深入实施“制造强国”战略背景下高等职业教育人才培养必须满足的，具备“工匠精神”也是对职业院校教师素养的必然要求，不然对学生进行“工匠精神”的传承教育就成了“无根之木”。但作为“工匠精神”传承教育核心力量的职业院校教师，却存在以忽视学生全面发展、工作幸福感不强、职业认同感下降为表现的职业精神信仰危机。教师存在职业精神信仰危机，极大影响了职业教育人才培养效果，导致学生在就业观念上出现认知偏差，缺乏职业精神追求，此种情况完全与精益求精为要求的“工匠精神”相悖，长此以往，职业教育培养的技能人才将难以担当“制造强国”的历史使命。职业院校教师具备“工匠精神”是完成高职院校学生“工匠精神”传承教育的前提，也是完成学生“工匠精神”传承教育的核心，完善教师“工匠精神”职业素养的培养，把“工匠精神”精益求精的工作追求内化于学生的精神追求，是培育大国工匠助力制造强国的必由路径。

二、培育职业院校教师“工匠精神”所面临的困境及原因分析

培养职业院校教师“工匠精神”的首要因素是解决教师职业发展或专业发展的困境。因而分析职业院校教师“工匠精神”培育在其职业发展过程中的现状，增强职业院校教师“工匠精神”职业素养，让其真正成为工匠之师，是非常有必要的。然而“工匠精神”培养在职业院校教师职业发展过程中却存在着一定的问题，这些问题主要来自外在环境的影响以及教师自身的因素。通过研究，职业院校教师在“工匠精神”培养中面临的困境和产生的原因，主要有以下三点表现。

（一）职业院校教师对“工匠精神”存在认识上的偏差，内涵理解错位

长期以来，职业院校受社会价值导向的影响而在“工匠精神”的认知上存在偏差，忽视了对教师“工匠精神”的培养与塑造，导致对师资队伍建设重视不足而投入缺乏，整体师资水平与普通高校相比质量不高。此外，就是职业院校教师对“工匠精神”的认知也存在偏差，导致整体师资群体欠缺以精益求精为导向的职业素养。“教书匠”曾是教师群体的代称，这一代称在体现这一群体专业性的同时，也含蓄地指出了其平庸、能力低下、不思进取的特点。随着时代转换，“工匠精神”的内涵在不同时代具有不同意义。由于缺乏对传统“工匠精神”精益求精等匠人技艺的传承理解，导致职业院校教师对现代“工匠精神”内涵的理解存在错位。在职业教育过程中，教师虽然重视对学生职业技能的锻炼与培养，但由于教师自身“工匠精神”核心职业素养的欠缺，而导致对学生匠人品格方面的关怀与培养不足。

（二）职业院校师资结构不合理，工匠型教师偏少

近年来，随着职业教育投入和建设力度的加强，虽然职业院校师资队伍建设取得了很大进步，但与普通高校师资水平相比，在专业水平等层面还差距巨大。首先，职业院校师资团队结构不合理、专业质量不高等问题依然长期存在。从相关数据来看，2016 年职业院校的专任教师人数为 46.7 万人，仅有普通高等学校师资人数的 23%，其中专任教师不仅人数少，达到“双师型”要求的教师更是缺乏，远远满足不了职业教育发展的师资需求。其次，大部分职业院校教师学历水平为本科或者研究生，缺乏长期专业技能的实践训练，动手能力欠缺。最后，在高职教师的选聘和招录方面，基本都是各高校自设人才条件，无法实现对师资力量工匠精神职业素养的精准把控。以上因素导致大部分高职教师具有扎实的理论素养，但实践技能相对缺少，带来工匠型师资配备不足的问题。

（三）职业院校教师“工匠精神”培育机制不完善，缺乏制度保障

随着“‘十四五’规划和 2035 年远景目标纲要”战略蓝图的绘就，国家层面出台了相关政策文件，在各个层面大力支持“工匠精神”的传承与弘扬，以加速我国从制造大国向制造强国的转变。为弘扬“工匠精神”，虽然已出台很多相关政策扶持文件，但是能够为工匠之师培养提供真正支持的落地文件却十分缺乏。

首先，为教师提供“工匠精神”培养的配套政策不完善，难以为教师职业技能培养提供足够支持，导致教师专业技能提升不能满足专业发展要求。极少有高职院校建

立完善的职业岗位技能提升机制，能为在职教师提供深入企业实践的机会也非常有限，这就导致高职院校提升教师职业素养和提高自身专业技能的途径非常缺乏，更难以提供合适的平台去展示自己能体现“工匠精神”的专业技能。由于校企合作机制不完善，与合作企业开展产教融合不够深入，企业中的工匠型员工缺乏与职业院校教师交流指导的机会，职业院校教师相互之间也缺乏有效途径进行交流与学习。其次，由于缺乏激励机制，职业院校教师进行自身工匠素养提升的积极性不高。而具备“工匠精神”素养，不管是在专业技能还是专业理论知识方面，恰恰是其必须具备的。职业教育对教师要求不仅“能讲”还要“会做”，不仅专业理论知识扎实，还要专业技能过硬，但实际中却缺乏对他们考核与评价的方式。职业教育在对教师职业素养和职业精神重视方面的考核与激励是比较欠缺的，并且对工匠型教师培养也不够重视。最后，职业教育及社会上对“工匠精神”的认可度及宣传还存在一定问题。要真正形成人才辈出的工匠之师培养氛围，不仅要在社会上形成尊重技能人才、崇尚精益求精的社会风气，还要积极构建与完善工匠型教师培养的考核与鼓励机制。

三、培育职业院校教师“工匠精神”的路径

在我国大力推进供给侧改革和制造业转型升级的背景下，我国正由制造大国向制造强国迈进，而弘扬“工匠精神”成为促进制造业转型升级的重要措施，同时也是培养符合时代需求的高技能人才的必然路径。作为职业院校教师培养工匠型人才的关键一环，“工匠精神”的传承与教育也成为促进职业教育教师职业发展的动力与源泉。从现有研究来看，职业教育教师“工匠精神”培养的路径主要包括以下几点：

1. 从观念上对“工匠精神”核心价值观进行引导；

2. 从结构上对教师来源与数量进行优化调整，校企联合共建“双师型”师资实践基地；

3. 从管理与培养上推进校企合作的广度与深度，建立工匠型教师培养团队；

4. 从体制机制上来对工匠型教师的整体评价体系进行完善，建立“工匠精神”传承教育的文化氛围。

“工匠精神”的传承教育将贯穿教师职业生涯全程，引领教师专业技能的提升，而对工匠型教师的培养则是一个长期内化与外化不断融合的过程。本研究以提高教师的职业素养与专业技能发展为出发点，从不同维度来探究职业院校教师“工匠精神”培养的多个实践路径。

（一）转变重技轻人的价值取向

一直以来，职业院校对教师的职业发展重视程度不够，更多关注于专业知识的传授与专业技能的强化训练，导致教师职业素养参差不齐，在无形中偏离了职业教育的本质，更多的是把学生当作“高级”机器人来培养，从而偏离了职业教育的目的，是典型的“技能至上”的功利主义教育理念。这种职业理念缺少“工匠精神”内涵，难以担当制造业转型升级的重任。职业院校在教学活动中要重视将职业道德、人文素养贯穿于人才培养全过程，坚守文化育人理念，营造“工匠精神”传承育人的良好氛围，以使学生获得良好的职业素养和职业精神。一是可以通过专业课程建设、专业实践、专家讲座等活动的开展，让工匠精神内化于心，使学生能更好地理解其对中国制造业与国家经济发展的重大意义。二是可以通过工业产业链企业的工学交替活动，让学生深入了解工业产品的工艺流程与产业发展动向，有助于对产品制造过程中体现的工匠文化具有直观感受，更深刻地认识到产品的工艺价值与工匠在生产活动中的地位。三是教学任务评价标准的改革。教学任务的完成不以“合格不合格”为标准，而是以“完不完美”来评判，进而培养教师专业专注的职业精神。

（二）以培养工匠之师为目标

大国工匠的培养需要依靠职业院校，而教师则是职业院校人才培养的核心。职业院校为完成工匠之师的培养目标，必须要在人才培养目标体系中纳入教师“工匠精神”的评价，并且将“工匠精神”素养作为教师职业素养的核心价值观进行评价。“工匠精神”作为职业院校教师核心价值观的外在表现，职业素养和精神理念是其具体表现，而“工匠精神”培养正是职业院校师资团队建设与提升教师职业素养的切入点和主要路径。“工匠精神”在教师职业素养中的重要性越来越高，职业院校作为职业技能人才培养的主阵地，必须要把“工匠精神”培养作为教师职业发展的核心理念，从而在职业教育的创新与发展方向上起到引领作用。教师的职业发展不仅是知识与技能的提高，还包括持续不断地提升对职业的情感态度、从业动机和职业价值观等，“工匠精神”培养的目的正是在于能够大力促进职业院校教师职业观念及态度等快速成长。

（三）“工匠精神”引领教师实现自我价值

课堂是教学活动的载体，也是学生“工匠精神”传承与教育的主阵地，更是教师对学生进行授业解惑的关键场所。教师要深刻认识和理解“工匠精神”，就要充分利用课堂教学活动：一是要把以精益求精为核心追求的“工匠精神”渗透到课堂教学活动中；二是要对社会上以传承创新为内涵的新时代“工匠精神”进行积极响应。因此，职业院校教师可以从教学的目标、内容、方法、课堂评价等方面着手，积极提升自己以精益求精、传承创新为特点的职业素养。同时，作为职业教育的执行者，要把“工匠精神”的传承与弘扬融入教学任务，并且能够将职业素养的核心价值观与教学内容、“工匠精神”进行深度融合，而不仅仅是完成学生技能学习的教学任务。

职业院校教师在教学过程中要积极开展理实一体化教学，在职业技能和专业理论传授过程中，融入匠艺职业素养、精益求精的职业态度、传承创新的职业精神，对学生产生潜移默化的影响，进而有效提升教师的人文素质与专业修养。教师将“工匠精神”有效融入课堂教学中，将传统文化与现代技术相结合，有效避免了出现传统教育模式中的职业疲惫现象，在循序渐进的从教过程中，不断打磨自身专业技能，从而取得职业生涯的巨大进步。随着职业院校教师“工匠精神”职业素养的提升，职业精神面貌焕然一新。在传道授业解惑过程中，会不自觉地把爱岗敬业的工作态度和追求极致的职业精神理念体现在本职工作中，并在完成教学任务过程中不断体验到自我成就感和满足感。对具有“工匠意识”的教师来讲，“工匠精神”代表着教师自我价值的被认可，而教育活动则对自己充满了乐趣与挑战。

（四）构建工匠型教师共同体

教师教育共同体是志同道合的团体或个体，其形成的基础是团队成员充分合作，并且具有基于相关行业或者专业规范，关注教师教育研究，立志做好教育的职业目标。通过加强教师之间的专业交流，激励教师加强理论和技能提升，实现团队资源共享，建立“工匠型”教师团队，才能更好地促进教师的专业化成长。比如建立教师共同体机制，在专业教学团队目标中制订工匠型教师建设规划，建立起校企深度合作机制，引企入校，外聘企业工匠型专业技术人员参与学生授课，让专业教学团队教师具有深入企业一线实践学习的机会。真正让企业的工匠型技术人员带动职业教学团队的核心能力建设，让职业院校教师真正领会“工匠精神”内涵，真正构建具有“工匠文化”融入的工匠型教师共同体教学团队。

此外，还要构建教师、学生共同体。教师通过对教学过程的有效组织，引导学生职业素养技能的培养，对学生成长具有推动作用。学生作为职业教育的受众，培养他们精益求精的专业技能追求，也对职业院校教师自身“工匠精神”的职业素养提出了更高要求，因此，学生对职业院校教师“工匠精神”的养成也具有一定的促进作用。

兴趣是促进学习的最好动力。学生在老师的引导下寻找与自己兴趣相符的专业方向，并充满激情地投入职业技能的学习过程中，不断提高自己的基础理论知识和专业技能。在职业技能学习过程中，学生养成追求精益求精的职业精神和追求极致的职业态度，这对职业院校教师的自身职业素养提出了更高要求，同时也对老师课堂教学能力和实践操作技能等“匠心”素养提出了更高的标准。

（五）将工匠精神贯穿职业生涯规划过程

职业院校教师的职业生涯与专业发展需要以“工匠精神”来引领。普通高校应届毕业生是职业教育教师的最大来源，理论知识扎实但实践技能相对缺乏是他们的一个显著特征，因此，有必要将“工匠精神”的培养贯穿到他们职业生涯过程的全过程。高职教师“工匠精神”的培养可以划分为几个递进阶段：正确认识“工匠精神”——认同和接受“工匠精神”——传承与创新“工匠精神”。高职院校在教师职业生涯发展规划中纳入“工匠精神”，将促使青年教师更加重视“实践技能”的培养。

首先，高职院校在教师职业规划和职后培训中融入“工匠精神”，搭建教学技能比赛平台，引导职业院校教师参加各类技能比武，通过各类实践活动提升教师的职业素养。邀请行业知名专家在“智造讲堂”中分享和传授成长为工匠的经验与经历，促进专业技能、创新创业活动在高职教师实践活动中的开展，激励高职教师对职业技能和自我价值实现的追求。

其次，在全校教职工中开展专业技能比武活动，以“工匠精神”为主题进行征文、演讲比赛等，通过形式多样的实践活动培养“工匠精神”。职业院校技能竞赛活动，不仅能够让不同院校教师进行技能切磋，还能交流不同的教学理念，甚至能够促进某一领域的创新创造，提高高职教师的工匠素养。

最后，高职院校还要搭建“工匠精神”培养平台促进青年教师工匠素养的提升。高职院校要通过组织教学技能比武、课程思政技能比武、说课竞赛、信息化能力教学竞赛等活动，为青年教师的职业发展提供实践平台，让他们得到锻炼，从而快速提高青年教师的职业素养和教学能力。

（六）落实“工匠精神”培养的保障机制

不管是代际还是个体的成长过程，其工匠精神的培养都需要传承与沉淀。高职院校作为工匠型人才培养的主阵地，技术技能型人才培养的晋级通道尚未完全打通。虽然我国已经建立以中、高职为核心的职业教育体系，但在人才培养过程中尚存在人才培养目标定位不清、教学内容与企业人才需求脱节的现象。而在德国、日本、瑞士等制造业发达国家，其很早就建立了完善的职业教育体系，其中不仅有中、高职层次人才培养，还有本科、硕士、博士等更高层次的技能人才培养。相比西方发达国家，我国目前的职业教育体系建设还有所欠缺，中、高职层次的技术技能人才培养体系基本完善，但职业本科和硕博教育十分缺乏。技术技能型人才培养层次难以提高，导致我国现有职业教育体系已不能满足我国先进制造业转型升级对职业技能人才的需求，工匠人才体系的培养、工匠精神的传承与沉淀更无从谈起。因此，我国职业教育应科学构建职业教育人才培养方案，合理设置专业，从企业人才需求出发，整体设计人才培养方案，将学生职业素养培养、工匠精神培育贯穿于整个职业育人过程。同时出台制度，积极发展职业本科教育，并逐步开展研究生层次的职业教育，形成完备的职业教育人才培养体系，从而能够为我国制造业转型升级培养更多具有工匠精神的技术技能型人才。

职业院校教师“工匠精神”的传承和培育需要制度保障来支撑。职业院校要把“工匠精神”的核心要义渗透到校园文化和管理体制当中，从而为“工匠精神”的传承与培养提供制度保障。“工匠精神”传承和弘扬的氛围可以通过物质文化、精神文化、行为文化和制度文化的建设来构建烘托。在物质文化层面，可以通过文化展板和实践作品展览等来突出“工匠精神”的内涵特质；在精神文化层面，职业教育要将“工匠精神”的传承和弘扬渗透到人才教育理念、价值观培养和校训内涵中去；在行为文化层面，在日常教学和专业实践中，教师要把以精益求精、传承创新为核心的“工匠精神”体现出来；而在制度层面，职业院校要将“工匠精神”的传承弘扬融入管理规范等制度当中，来促进教师和学生的“工匠精神”塑造。

作为培育学生“工匠精神”的关键，职业院校教师除了具备扎实的专业知识，还要拥有过硬的专业技能。因此，具备以“工匠精神”为特质的职业素养，是对职业院校教师的特殊要求。职业院校要积极对接国家制造业转型升级对师资人才培养的要求，改革教师职称评聘制度，要把具有“工匠精神”作为教师职称评聘的关键要素，提升职业院校教师职业精神和职业素养在职称评聘中的比重。为提升职业院校教师的职业素养，职业院校要增加对师资力量职业精神与职业素养培养的投入力度，建立以“工匠精神”为核心的职业素养考核制度，改善教师队伍结构层次，促进职业院校教师职业素养的提升。

（七）开展深层次的校企合作

传统的校企合作，是将传统学徒培育与现代教育结合，学校和企业联合培养社会需要的高素质技术技能人才的一种职业教育模式。随着科技的发展，制造业的转型升级，以“言传身教”为特点的传统学徒培养方式在逐步退出历史舞台，而以职业院校规模化培养具有“工匠精神”的技术技能型人才成为人才培养的主阵地。职业院校在人才培养过程中引入企业力量，可以发挥各自在人才培养上的优势，使学生不仅能够学到扎实的专业理论知识，还能通过企业实践案例的学习，接受企业文化、工匠精神的熏陶，得到全面的锻炼和培养，具备优秀的动手能力。校企合作作为高技能人才培养的一种主要模式，是发达国家保持制造业先进性的国家战略，发达国家为了从制度上支持校企合作活动的开展，不仅建立了完善的法律法规，还建立相应的管理和监督机构。由于我国开展现代职业教育的时间较短，在校企合作制度建设方面我国是有所欠缺的。结合我国职业教育现状，对校企合作的主体、合作过程、监督评价等进行具体规范，统筹管理合作事务，并组建管理机构，推动校企合作的规范开展，从而提高校企合作效果。在规范的校企合作模式下，学生不仅学到扎实的理论知识，还掌握高超的专业技能，真正实现了理论与实践的高度融合，将“工匠精神”培养落到实处。

（八）提高教师的职业素养

具有“工匠精神”的专业教师缺乏是职业院校普遍面临的问题之一。职业院校教师大部分来源于高校应届毕业生，缺乏专业实践训练与锻炼，进入职业院校后专业实践能力训练与锻炼的途径相对缺乏，因而导致双师型教师缺乏，难以满足职业院校“工匠型人才”培养的师资力量需求。外聘兼职教师作为优化职业院校教师结构的重要途径，又面临政策支持力度不够的困境，导致兼职教师力量也相对缺乏。为解决职业教育师资力量困境，职业院校可以从两个方面着手改善：一是改革师资招聘制度，拓宽师资来源渠道，支持直接外聘企业行业专家技能型人才来校任教，而不是统一招考。企业人才不仅具有良好的专业知识与技能，还具有良好的工匠精神和职业素养，在指导学生学习过程中会起到润物细无声的效果，在潜移默化中，完成工匠精神的传承。二是对师资力量的在职培训，特别是对职业素养的培训。“师者，所以传道授业解惑也。”教师对学生的言传身教更胜于专业知识和技能的传授。专业教师的言行举止、专业能力对学生工作认知和态度会产生直接影响。因此，职业院校要建立完善的教师职业素养评价标准和评价体系，通过对教师在职培训，规范和提高专业教师队伍的整体素质，从而更好地指导和培养工匠型人才。

第二节　职业院校学生工匠精神的培育

“工匠精神”不仅仅是一种职业精神，同时也是职业道德、职业能力与职业品质的集中体现，是岗位工作者的一种职业价值取向和行为表现。党的十八大首次把工匠精神写进了报告，十九大进一步要求建设知识型、技能型、创新型的劳动者群体，在劳动者群体中弘扬劳模精神和传承工匠精神，建立劳动光荣的社会风尚和精益求精的敬业风气。工匠精神的弘扬和培育需要政府的积极倡导，其氛围的形成需要全社会达成共识，而其孕育与萌芽则需要学校教育尤其是中等职业学校教育的合理组织、正确引导和积极养成。

一、职业院校培养学生“工匠精神”具有时代价值

职业院校在大学生群体中培养“工匠精神”具有鲜明的时代特征。现阶段我国正在由“制造大国”向“制造强国”迈进，随着“制造强国”战略的深入实施，需要大批具有“工匠精神”、技艺过硬的技术工人，这对职业院校的大学生培养提出了更高的要求。

（一）实施“制造强国”战略的需要

2013年4月在汉诺威工业博览会上，德国正式提出了“工业4.0”战略，该战略的提出导致在世界范围内引发了一轮新的工业转型竞争。

2021年3月，我国发布了“十四五”规划和2035年远景目标纲要，提出要深入实施“制造强国”战略，最重要的目的就是努力实现中国制造业产业升级，使中国制造业由大向强转变。当前我国是世界上工业门类最齐全的制造业生产大国，产值也达到了惊人的全球23%，制造业产值也占到了接近全球的20%，能够制造的工业品类更是超过了220种，在全球居于前列。但是，在部分行业的技术水平，我国和国际先进水平相比依然存在接近30年的差距，如电力、建材、石油化工及煤炭等相关产业。从我国制造业发展现状来看，深入实施“制造强国”战略，传承弘扬“工匠精神”是非常有必要的。

1.“工匠精神”是实现“制造强国”目标的坚定基石

深入实施“制造强国”战略，将促使我国向“制造强国”迈进，这个目标的实现需要对“工匠精神”进行培育和传承创新来支撑。职业院校作为技术技能型人才培养的主阵地，对学生进行“工匠精神”的传承与培养具有不可推卸的使命和责任。因此，职业院校在专业建设过程中，要不断完善育人理念，深化课程体系和教学方法改革，加强实践教学与实训环节的资源建设，在学生学习中积极营造“工匠精神”传承的氛围，努力培养更多符合高端制造业需求的“大国工匠”。

无论是德国、日本，还是美国，从这些世界制造业强国的发展历程来研究，我们可以发现在这些国家发展的过程中，始终重视“工匠精神”在职业技能人才培养过程

中的作用，并在职业技能人才培养过程中坚持把职业教育的发展与工匠精神的培养和传承紧密联系起来。随着工业 4.0 的不断推进，作为世界上重要的“制造大国”，中国工业制造业的产业结构调整、产业转型升级已经到了必须进行的时候。具有普通专业技能的职业工人已经不能满足产业结构调整与转型升级的人才需求，具有精湛技艺的新时代产业工人才是中国制造业当下急需的，这些高技能人才的培养对工匠精神的回归与传承弘扬具有急迫需求。此外，对职业院校学生强化“工匠精神”的培养，不仅是学生职业技能和综合素质提高的现实需求，更是职业院校及职业教育事业可持续发展的需要。

2. 中国由制造大国迈向制造强国需要“工匠精神”

实现中国制造的转型升级，关键是把握工匠精神的精髓和灵魂。对产品细节的重视，不断对产品进行改进，体现的不仅是工匠精神对一丝不苟严谨性的追求，对精益求精的卓越产品的追求，更是工匠精神对最优质的产品和服务所必需的耐心专注和坚持不懈的追求。随着科技的发展，虽然工业互联网技术在快速发展，但工匠精神在现代制造业中并没有落伍，特别是在中国制造业转型升级过程中，工匠精神更是不可或缺。

在我国制造业发展过程中，传承弘扬工匠精神，将为我国从“制造大国”向“制造强国”转变提供强大助力。从发达国家制造业发展历程来看，正是由于制造业从业人员追求精益求精、严谨细致的工作态度，才造就了产品稳定的质量、考究的工艺流程，并取得显赫的制造业成就，使他们工业强国的声誉得到全球认可。所以，我国不仅要成为全球制造业大国，还要成为全球制造业强国，而这个过程不仅需要对制造业产业结构进行大规模的调整和优化，同时还需要对生产过程中的要素进行优化，尤其是要对人力资源培养的方向与模式进行改革，让产业工人具备良好的职业素养，崇尚工匠精神，从而实现企业的可持续发展，有效推动制造业的转型升级。作为培养高技能高水平职业技能人才的主阵地，在职业教育过程中融入工匠精神，培养更多具有工匠精神的高技能人才，将对我国由制造大国向制造强国迈进提供强大的推动力。

3. 实现中华民族伟大复兴的中国梦需要“工匠精神”

在实现中华民族复兴的伟大征程上，更需要传承弘扬“工匠精神”。“工匠精神”体现的不仅是对工作的态度、坚持和品质，更是对产品质量追求的力量、修行和信仰。让对产品制造的精益求精和严谨细致长存于心，才能让中国制造真正走向强大。中国选手在第 44 届世界技能大赛中取得 15 金 7 银 8 铜的优异成绩，而获奖者大部分都是 90 后，这正是职业教育传承和弘扬“工匠精神”效果的真实体现。青年兴则国家兴，这是习近平总书记对广大青年的殷殷嘱托。广大青年学生要把工匠们对工作的忘我和专注，对工作精益求精、不断创新的开拓精神，作为自己的职业追求，并在前人基础上进行传承和弘扬。

实现中华民族的伟大复兴是全体中国人民的追求，是一个伟大的梦想，而这个梦想的实现需要“工匠精神”来提供精神支持。传承和弘扬工匠精神，是上至国家、企业，下至个人的历史使命。我们要实现中华民族伟大复兴的梦想必须要坚守工匠精神。作为新时代产业工人，现代工匠将继续以勤勤恳恳、任劳任怨的工作作风，踏实能干、吃苦耐劳的优秀品质，大力进行技术攻关、科技创新，为国内国际市场提供优质产品，为中华民族伟大复兴的中国梦走向现实做出应有的贡献。

（二）实现职业院校人才培养目标需要培育“工匠精神”

1.“工匠精神”是长寿企业的不懈坚持和执着追求

“工匠精神”作为企业文化的核心组成部分，是企业实现可持续长期发展的关键因素。被誉为“工匠之国”的日本，根据相关公司对全球“长寿”企业进行的调查显示，存续150年以上的企业在日本多达21000多家。全球延续200年以上的企业有5586家，其中日本3146家，占比57%；德国837家，占比15%；荷兰222家，占比4%；而在中国，拥有150年以上历史的企业仅有五家，数量少之可怜。

排除技术发展和社会文化制度等方面的影响，根据上面的调查数据及相关企业的运行数据，我们可以发现几乎所有历史悠久的企业在员工中都十分崇尚“工匠精神”，其员工大都具有对产品质量坚持不懈、精益求精的匠心和执着追求的工作态度。

2. 培育“工匠精神”是提高技能型人才培养质量的必经之路

改革开放四十多年以来，我国各项事业都取得了巨大成就，中国制造业也正在从大而不强转向既大又强的发展目标。校企合作与产教融合不仅是实现职业教育高水平发展的命脉，也是实现高技能高素质人才培养的重要路径，也是提高人才培养水平，增加职业教育吸引力的重要方式，同时还是促进我国制造业结构优化升级、转变经济发展方式的有力保证。职业教育不同于传统的高等教育，学生在完成职业教育之后，在企业岗位上从事的主要是技术技能型工作，作为对学生教学成果和职业教育水平的检验，学生是否具有良好的职业素养及工作能力能否满足企业岗位用人标准，是判断学生能否在工作中实现个人价值、立足社会的一个重要参考。职业教育大力开展高水平的校企合作、产教融合活动，让学生走进企业，有助于职业教育学习效果的提升；同时企业项目案例的引入，能够让学生在实践中学习和提高，加速学生向产业工匠角色的转变。

（三）培育“工匠精神”是实现当代大学生自身价值的需要

1. 培育“工匠精神”有利于提升职业院校大学生就业竞争力

从当前我国就业需求现状来看，在求职过程中起主导作用的是职业能力。在就业过程中需要增强就业竞争力，其含义主要是指就业学生在就业市场上满足企事业单位岗位需求的能力要强于竞争对手。软实力和硬实力是职业院校大学生就业竞争力的两个主要方面。在就业竞争中的专业技能是就业硬实力的主要内容；而大学生在就业竞争中所具有的工匠精神、诚信品质、协作意识等职业素养是就业软实力的主要表现。同国外发达国家职业教育相比，国内职业教育往往忽视培养学生的职业精神和职业道德，尤其是忽视培养工匠精神，而更侧重于对学生专业技能的训练与培养。

人才是企业生产中最重要的生产要素，同时也是企业拥有强大竞争力的根本和驱动因素。企业如果想获得良好发展，就必须使用具有良好职业素养和工匠精神的职业技能人才，而不是广泛聘用缺乏良好职业技能的低人力成本务工人员。

职业院校毕业生作为高技能人才的主要培养对象，如果想要成长为真正符合企业岗位职业需求的合格工匠，就必须要具有严谨细致的工作态度、精雕细琢的职业精神、崇高的职业信念以及良好的职业道德与素养，能够真正做到把工匠精神内化于心，成为一名真正符合制造强国人才需求的“国之匠人”。

2. “工匠精神”的培育有利于职业院校大学生成长为行业精英

职业院校学生要成为大国工匠，不仅要有扎实的专业知识，还必须接受工匠精神教育，具有良好的工匠意识。职业院校学生匠心的培养，要从学生学校生活的点点滴滴入手，让工匠文化融入学生的日常学习，使其耳濡目染，让工匠精神真正深入学生的灵魂深处，只有这样才能让学生在踏上工作岗位时快速成长。

职业院校学生在进入职场后，把良好的职业信念和职业追求融入工作中，制造出一件件进入市场的精细产品，从而获得良好的职业满意度和职业认同感，只有这样，才能让学生在职业岗位上真正成长为能工巧匠，实现个人的职业发展目标，更好地为企业、为社会服务做出贡献。

培养学生的工匠精神，对学生的职业发展有帮助。对产品质量精益求精、对工作岗位和事业专注敬业、对职业追求坚守初心，这些职业教育必不可少的职业精神和素养，正是现在职业院校学生缺乏的价值和精神追求。在就业时，具备工匠精神的学生不仅备受企业欢迎，就业后工匠精神还是学生实现职业可持续发展的内在驱动力。因此，职业教育在进行人才培养的过程中，不仅仅只是把职业技能传授给学生，还要重视培养学生的职业精神和素养，特别是在技能训练中融入工匠精神，从而有利于学生更好地适应未来的职业发展对职业素养的要求。特别是作为职业技能人才，应该深刻认识到未来的人才竞争会日益激烈，作为一名专业技能人才，自己必须具有优秀的职业技能和良好的职业素养，才能有助于成为一名工匠型专业技能人才。

二、职业院校学生“工匠精神”培育的现存问题

作为职业院校人才培养的共识，“工匠精神”培养已经是职业教育人才培养工作的重要支撑之一。但从全国职业院校人才培养效果来看，尚存在培养环境缺失、培育载体缺失、效能忽视等多方面的问题。

（一）“工匠精神”培育环境缺失的原因

1. 社会“工匠精神”的环境氛围不足

“工匠精神”是工业经济发展及时代精神发展的产物，是现代精益生产的必然要求，也是我国从制造大国向制造强国不断迈进的精神驱动。弘扬传承工匠精神，从社会层面有规划、有措施、有制度、有保障地营造良好的社会文化氛围是必须的，只有文化氛围浓厚，才能促进工匠精神传承的良性发展，真正让工匠精神融入中国制造业人才的职业素养。

现代很多年轻人普遍心浮气躁，在干事业过程中喜欢走捷径，追求眼前利益，不能静下心来踏实做事，没有长远发展眼光。我国长期的文化传统认为万般皆下品，唯有读书高，学而优则仕。即使无法通过读书实现仕途梦想，也要通过读书来实现财富梦想，这样短视的思想是无法有效培育出大国工匠的。

大国工匠的培养，需要在社会中营造职业无贵贱、身份无尊卑的平等思想，人们只有对任何一分职业工作都给予同样的认可和尊重，才能让职业技能人才得到社会的认可，实现技术人才精神追求的自我实现。

2. 政府“重学轻技”的观念尚存

孟子曰：“劳心者治人，劳力者治于人。”由于历史原因，我国社会长期存在“重学轻技”的思想，大部分人对职业教育存在认知偏见，认为技能型人才从事底层工作“没出息，低人一等”。可以说自古以来，我国的传统文化对于技术人才就缺乏足够的尊重和重视。哪怕是现在，职业教育与其他类型教育相比，受政府重视的程度仍存在较大差距。2020年我国职业教育经费投入只占教育总经费投入的10.6%，与其他各类型教育相比差距明显。即使与普通高等教育相比，职业教育经费预算投入也相对较低。

例如相比于普通高等本科教育，同样作为高等教育，但职业教育生均经费预算仅有其一半左右，而且由于地域差别，个别地区职业教育生均经费预算明显偏低。这些现象的出现，归根结底，与“重学轻技”的教育观念尚存息息相关。

3. 学生“成为工匠”的动力不足

从现实来看，技能人才受社会重视的程度还远远不够，国家引进技能人才的数量极少，并且在教育、培训、评价和奖励机制建设等方面也极不完善。比如对人才的评价还存在唯学历文凭、唯论文的倾向，对职业技能的重视程度不足。在职业技能等级评价上，职业技能人才的评价体系分初级、中级、高级技师，但无副高和正高之分，人才评价层次明显不够明晰。如果我们想要工匠精神深入人心，却缺乏工匠职称的评聘，怎么能够得到社会的认可？那么我们能不能建立工匠评级制度，在职业技能人才评价中，建立工匠评级晋升机制，给予技术人员上升通道，提高社会对技能人才的认可。

现在职业技能教育中存在的各种矛盾和问题的解决，相对于“引进技能人才、完善工匠职称制度”更为急迫。当前，教育系统普遍存在行政化倾向，部分职能管理部门更重视短期的个人政绩，而不重视职业教育规律，又会使职业技能教育的人才培养满足不了现代工业的人才需求。在教育价值观、评价体系尚不完善，且存在一定争议和实践难题的现实中，职业院校能否把职业人才培养中的教育质量、社会认可作为办学动力，是一个值得商榷的问题。

（二）“工匠精神”培育载体缺失的现存问题

1. “工匠精神”培育的主体不明

工匠精神不仅仅是技能技艺的代表，其更多是对一丝不苟的态度、严谨细致、追求卓越、精益求精、淡泊名利、甘愿奉献的职业爱岗精神的彰显。国以才立、业以才兴。现代企业如想顺利实现转型升级，提高企业自身的核心竞争力，掌握产品核心技术的研发队伍是必须要拥有的，但具有严谨细致、追求产品精益求精、具有强大动手能力的技能型工匠人才队伍同样是必须拥有的。当然，作为全球制造业大国，如果不重视高技能型工匠人才的培养，也无法在激烈的国际竞争中顺利实现产业的转型升级。

随着制造强国战略的深入实施，培养工匠精神对于我国顺利实现产业结构转型升级，由制造大国向制造强国大步迈进，提升我国工业产品质量具有尤为重要特殊的价值。李克强总理在2016年的政府工作报告中曾提出，工匠人才的培养，需要政府、企业及个人充分发挥各自应有的作用，齐心培养“中国工匠”，协力打造“中国品牌”。

根据现有研究，综合企业在技能人才培养中的作用，很多研究者认为，企业才是大国工匠培养及实现工匠精神传承的主体。

随着制造强国战略的深入实施，高技能人才在制造业转型升级过程中的地位越发凸显。职业院校作为培养职业技能型人才的主阵地，主动承担工匠精神传承弘扬的责任，既是担当也是使命。因此，顺利实现大国工匠培养及实现工匠精神传承的目标，不仅需要企业发挥主体作用，职业教育院校也要凸显在其中的基础作用。

2.“工匠精神”传承教育的土壤不沃

随着我国对职业教育的扶持政策逐渐落地，社会上对职业教育的认可度逐渐提高，但“学而优则仕”的思想在不少人的思想理念中却依然根深蒂固地存在，他们始终认为技术技能只是一种谋生的手段，只能被称为一门手艺。因此，在不少企业中，对员工的评价更偏重于经济效益，而忽视对人才技能的评价。正是由于大部分企业急功近利的表现，导致员工对产品精益求精的追求难以受到足够重视，更不要说有足够回报，面对现实，少部分人已经无法踏实勤恳地去干好一件事了。作为工匠精神培养的天敌，浮躁情绪的存在才是工匠精神传承培养的贫瘠土壤。

当谈起“工匠精神”，大部分人对德国、日本、瑞士等国家的案例可以侃侃而谈，但对我国“工匠精神”传承教育的典型案例却难以说出。随着科技的快速发展，人们的工作生活节奏越来越快，急于求成，追求“短、平、快”的现象越来越严重，能够静下心来思考的人越来越少。面对各种现实利益的诱惑，人们的内心越来越浮躁功利，难得踏实静心地做好一件事。因此，为促进“工匠精神”回归制造业，我国应大力完善面向基层职业技能人才的各种福利机制和人才评价机制。相关制度的完善不仅有助于职业技能人才职业追求的实现，更有助于职业技能人才道德境界和职业修为诉求的实现。

工匠精神可以传承至今，不仅和一个国家职业教育发展程度有关，和技能型人才在社会中得到的待遇和社会地位也密切相关。由于我国制造业长期处于大而不强的状态，对职业准入的技术门槛要求较低，导致技术技能型人才的社会地位和收入待遇等一直处于中下游水平，很难得到社会认可，导致“职业教育无用论”的说法部分存在。当“工匠精神”培养的技术载体不够肥沃，仅仅依靠形象宣传和道德感化来弘扬“工匠精神”，这样的工匠培养只是流于形式，是很难培养出真正的工匠人才的。

3.“工匠精神”培育的模式落后

职业教育作为技能技术型高级人才培养的主阵地，培养职业技能型人才的“工匠精神”，满足制造业转型升级对高技能人才的用工需求，是职业教育必然要承担的历史责任和使命。但限于现实条件，很多职业院校规模偏小，教学设施设备更新不及时，不能对接企业设备技术发展水平，教学模式落后，难以适应现代企业对人才技能的需求，高端技术人才在此种条件下很难培养出来。虽然随着“职教20条”“职业教育发展规划纲要”等政策的出台，职业院校获得了长足发展，但想实现短期内的职业教育规模化发展，短时间内实现培养高端技术技能型人才的目标还有很大的差距。

工匠精神的培养不仅仅是职业教育过程中的技能培养，还需要在进入工作岗位后不断进行职业技能提升和发展。从职业人才的成长规律来看，入职前接受的职业技能教育对个人未来的职业发展非常重要，不仅会影响个人的职业发展方向，还会深刻影响个人未来的职业成就。由于传统文化的影响，我国职业教育从出现之时就一直受到社会的差别性对待，整个职业教育在国民教育体系中的地位也不太受重视，甚至还受到人们的误解，认为只有差学生才去接受职业教育。甚至部分职业教育管理者和教育者也不能深刻认识到职业教育的重要作用，仅仅将职业教育看成是技术技能的培训，而对学生教育过程中的人文素养教育则重视程度不足。教育理念的偏差导致职业教育的人才培养方向和办学导向与其定位发生了偏差，在学生教育过程中更注重技能的培训，而忽视了文化素养的教育，导致工匠精神和职业素养难以提升。正是由于对职业教育认识的不到位，导致职业教育在文化育人和技能传授上出现了偏差，要么把职业教育捆绑职业技能大赛，侧重技能训练，要么片面追求专升本升学率，侧重理论传授，从而忽视文化育人，导致培养出的学生仅仅把自己的工作看作糊口求生的工具，缺乏足够的职业精神和素养来为制造强国提供人才精神支撑。

（三）“工匠精神”传承效能忽视原因分析

1.“工匠精神”传承教育不够深入

工匠精神体现的是对待工作的职业态度和精神，所谓“工匠”指的是在生产过程中所体现的技能、技艺等，其中的“精”字正是匠人对自身所从事工作的专业专注、精益求精的职业态度的体现。

在职业教育中，“工匠精神”实际是指职业教育所体现的专业精神，然而由于文化育人的不到位，职业教育对工匠精神的培养传承不是很深入。职业教育“匠人”的培养需要其自身具有更高的专业技术水平，但是，当前职业教育普遍侧重于基础技能的训练，与“匠人”的职业素养要求还相差甚远。“工匠”思维模式更多地存在于企业生产运营过程中，特别是随着产业结构的升级，越来越多的企业需要员工具有创新、创造的思维模式，企业技术型人才不能仅仅局限于自己的技术层面，还要能够在专业技术基础上能够有所突破，实现产品技术水平的快速升级。纵观历史长河，人类技术进步并不仅仅是生产技术的革新，而是更多来自人类思想的创新创造，因此，“匠人”意识的培养，不仅仅是提高专业技术水平，更多的应该是从业者思维模式和技术认知的改变革新。

由于职业教育在职业院校学生职业态度养成过程中缺乏引导，导致很多初入职场的职业院校学生无法在工作实践过程中实现自我价值，也就是说无法全身心投入自己的岗位工作中。这种情况的出现，原因则在于在学生培养过程中片面强调“一技之长”的作用，而忽视了学生对现实工作中情感认同、工作积极性、人格健全的培养。这样的人才培养方式下培养的人才只是一个个毫无感情和自我思想的“生产机器”，无法让学生走向职场后产生职业认同，更遑论学生良好职业态度的培养。

人文素养的提升其实是职业教育中“工匠精神”传承教育的重点，但在实际生产生活中，产业工人更多的是在生产线上日复一日地重复简单而又繁重的机械动作，枯燥单调的机械化作用更是造成了“工匠精神”培养的困境，在这种环境中培养出的技术技能人才，严重缺乏想象力和创新创造能力其实是很正常的。

2.“工匠精神”培育的体系不全

现在职业教育具有向教育产业化发展的趋势，为了降低教育成本，让学生死读书、读死书成了部分职业教育的常见现象。数控专业的学生不给数控机床进行实操，进入职场后难不成还得重新学习？职业院校作为“工匠精神”传承教育的重要承担者，在实际人才培养中，存在不同程度的“重理论、轻实践”“学术性重于实用性”的现象，“匠人”培养体系建设尚存在不完善之处。

作为“工匠精神”传承培养的主阵地，职业教育还没有真正解决技术技能型人才晋升的制度建设问题。经过多年的探索发展，虽然中、高职衔接的职业教育体系在我国已经基本构建成型，但在人才培养目标的定位、专业教学内容的确定及相关课程的设置等方面仍存在人才定位不清、课程衔接失当或实践脱节等问题。作为“工匠精神”传承教育开展的优秀国家，日本、德国、瑞士等国家的职业教育体系已经非常完善，建立了完善的中、高职，以及本硕博衔接顺畅的学历教育体系，给职业技能人才的学历提升提供了顺畅路径。反观我国的职业教育体系，中、高职教育是职业教育的主阵地，与本科及以上层次的技能人才出现了难以衔接的问题，这与我国产业结构升级调整对高技能人才的需求是无法相适应的，也就无从谈起依靠当前的职教体系来进行工匠精神的系统沉淀与传承教育了。

建立完善的现代职业教育体系，要根据企业对员工职业能力的要求来进行人才培养方案的设计，科学合理地制定职业教育的人才培养目标、课程设置及教学内容等，并将工匠精神的传承培养及职业素质融入教育教学过程中。为解决现有职教体系有效衔接不足的问题，应在高职教育基础上大力发展职业本科及应用型本科教育，并探索开展研究生层次的职业教育，促进职业教育改革的不断深化，从而使职业教育培养更多具有工匠精神的高学历高技能型的专业人才，使职业教育人才培养适应社会发展对技能人才的需求。

三、职业院校培育学生“工匠精神”的基本策略

通过对职业教育“工匠精神”传承教育存在的问题及原因分析可以发现，由于缺乏培养“工匠精神”的环境及载体、效能缺失等现象的存在，职业教育人才培养质量尚不能满足“工匠精神”传承教育的要求。职业院校应该通过环境氛围营造、培养载体搭建、培育效能提高等条件的改善，将融入“工匠精神”的职业道德教育、项目制教学手段、现代学徒制等教学手段和校企合作、创新创业平台融会贯通，打通学生理论教育和实践教学的桥梁，找到有效开展“工匠精神”传承教育的载体及路径，构建“工匠精神”传承教育的有效人才培养体系。

（一）营造职业院校“工匠精神”传承教育的文化氛围

1. 营造“工匠精神”的育人氛围

实现中国制造向中国创造、中国智造的转型升级，离不开工匠精神的传承与弘扬，更离不开技艺高超的“大国工匠”。作为民族制造业振兴的核心，大国工匠的培养必须从学生时代就开始进行，在学习教育中，让学生们树立“诚实守信、吃苦耐劳、不走捷径”的正确人生价值观，并形成“职业无贵贱，身份无尊卑”的文化氛围。尊重工匠的人生价值是倡导工匠精神的前提。在社会中，给予技能型人才的知识、技术及劳动付出足够的尊重，认可他们的技术价值，将真正建立工匠精神传承教育的良好文化氛围。将职业技能人才作为制造强国的精英人才来培养，对他们的社会地位进行提升并提高职业技能人才的经济待遇，让技能型人才得到社会的认可和尊重，才有助于技能人才乐于从事自己的事业，为中国制造向中国智造和中国创造转型提供人才支撑。

工匠精神的传承弘扬，还需要良好社会氛围的有效构建。虽然现在大部分企业对员工职业能力的重视已经超过了对学历的认可，但仍存在根深蒂固的重学历轻技能的传统思想。因此，要真正实现工匠精神的传承弘扬，就要改变“学而优则仕”的传统思想，让追求精益求精、严谨细致的工匠精神成为社会发展的主旋律，在社会中，营造出认可工匠技能的文化氛围，使工匠精神的传承符合社会的认知。营造适于工匠精

神传承的文化氛围，首先要构建社会文化和舆论氛围，让具有工匠精神的大国工匠们，在人格上受尊重、收入上有保障、社会上有地位。其次，要树立尊匠的社会氛围，尊重大国工匠，始于意识、表于点滴，这是践行尊匠重匠的首要任务。最后，要将工匠精神的传承教育在职业教育中进行深入传播和弘扬。职业院校要以校园文化活动的开展为引领，借助丰富多彩的表现形式，形成工匠精神文化育人的浓厚氛围，在职业院校学生群体中使工匠精神得到深入的传承和弘扬。比如通过工匠文化节、工匠主题演讲比赛、工匠主题征文等风格各异的校园活动，营造工匠精神传承教育的文化氛围，促进职业院校学生对工匠精神的认同与形成。

为将文化育人的理念在职业教育中更好地开展，使学生具备理论知识和专业技能之外的良好职业精神和素养，急需将工匠精神的传承教育融入职业教育的必修课中。专业教师作为专业技能培养目标的具体执行人，应积极开展课程思政建设，将工匠精神融入专业教学，提升学生对工匠精神的感悟能力和正确认知能力，使其能够在专业实践中主动践行工匠精神，为职业院校学生专业素养的提高奠定思想基础。实际教学中，应将工匠精神的内涵、本质、价值和意义融入专业教学体系，在专业教学中，引导学生对工匠精神的认知，让其深入理解工匠精神对未来职业的重要意义。

为顺利开展工匠精神的传承教育，专业教师要能够在专业教学实施中将职业素养与工匠精神传承教育进行有效贯通，能够在专业素质培养中融入工匠精神的传承教育。此外要将实践教学与工匠精神传承教育紧密结合，强化融入精益求精、严谨细致的职业态度在实践活动中的要求。同时，还要结合专业特点，将工匠精神传承教育润物细无声地融入专业教育，让学生能够潜移默化地接受工匠精神，并将其融入自己的职业素养，成为自己的职业理念与职业追求。

2. 改变“重学轻技”的陈腐观念

工匠精神的传承培养，要想真正实现制度层面的保障和落实，就必须改变人们陈腐的“重学轻技”观念。工匠精神的传承，最重要的体现是职业人才具有“匠心”和“匠魂”。我国一流的大国工匠要从职业院校开始培养，在职业人才的培养方面，我们要向重视职业技能教育的德国、日本学习。德国的职业教育已经非常成熟，双元制是其典型教育模式。在德国，无论是普通工人，还是工程师、大学教授，大家都是平等的，并不会因为你从事的职业岗位而受到社会的不平等对待。在这种社会氛围中，无论你是一名身怀绝技的手艺人还是学富五车的大学教授，大家的待遇没有太大差别，大家都能享受愉快的生活，具有平等的社会地位。

我国作为具有悠久历史的文明古国，工匠精神的传承在我国更是传承不息，在历史中涌现出很多享誉国内外的著名工匠。但随着现代市场经济的发展，相当多的企业和工人受到短期利益的诱惑，急功近利，而忽视了工匠精神的传承培养。在中国制造业转型升级的关键时刻，我们更需要重视工匠精神的传承培养在其中的作用，所以相关政府部门及企业一定要采取积极措施对职业技能人才的职业精神培养进行合理引导。

（1）要倡导尊重工匠精神的正确价值观

虽然企业越来越重视具有工匠精神的技能人才，但在部分地方对专业技能型人才及基层员工的劳动付出和取得的荣誉成果给予的关注和尊重还不够。作为政府部门，应该深入宣传工匠精神传承的意义，加大对社会群体群众的引导，让社会各界重视工匠精神传承和弘扬所体现的重要价值与意义，能够尊重和奖励专业技能人才的劳动成果和荣誉，在整个社会营造出尊崇工匠精神的良好文化氛围。

（2）不断建设完善工匠精神弘扬和传承的制度

首先，建立完善的“工匠精神”评价机制。具有人才培养管理职能的政府部门，要重视对专业技能人才及基层员工劳动付出和成果的认可，通过建立与“工匠精神”相关的奖励制度，按一定要求设置奖项，评选优秀成果奖励优秀人才，认可专业技能人才的付出和成就，增加职业技能人才的职业荣誉感。其次，构建以“工匠精神”传承为核心的技能竞赛体系。建立国家-地方-行业为主导的各类技能竞赛，引导追求卓越、精益求精的技术人才积极参加。通过选拔具有工匠精神和创新精神的优秀技能人才进行奖励，鼓励优秀技能人才对产品不断改进，不断创新，促进产品质量的提升，而这正是对积极进取、拼搏创新等工匠精神的鼓励与认可。最后，要强化知识产权保护制度。在社会中要强化人们的知识产权意识，构建完善的知识产权保护机制及保护体系，对侵权仿制等违法行为进行强力打击，真正保护具有工匠精神的创新人才的合法权益。

（3）提高政府部门主体责任意识，加大职业教育财政投入

政府部门要提高主体责任意识，为职业院校传承弘扬“工匠精神”，培养更多“匠人”提供坚实的财政支持，加大财政投入，对支持职业技能人才培养的企业鼓励其深入开展校企合作并进行政策扶持，助力职业院校真正成为职业技能人才培养的主阵地。

3. 激活“成为工匠”的个人动力

工匠精神应是每个人做事具有的态度，社会氛围也应该鼓励具有工匠精神的人做事，只有这样才能鼓励人人具有工匠精神，才能让人们把该做的、正在做的事做好。

从个人视角看，对个人事业的热爱、尊重，对事业的坚守，正是个人具有工匠精神的表现，也是社会个体对社会发展、对消费者具有强烈责任心的一种体现。首先，

作为个人，要具有良好的产品质量意识与职业操守。对自己的产品，不管是产品的设计研发，还是产品的制造生产，甚至于售后服务，都要坚持对产品负责任的态度，用最严格的标准指导自己、要求自己，让自己的产品努力成为市场上最优秀的产品，打造产品品牌。其次，要树立良好的职业信念及理想。“三百六十行，行行出状元”，不管个人从事什么样的工作岗位，都要把追求产品卓越、质量精益求精作为个人的职业信仰与追求。尤其是对基层技术人员和工人，要引导他们具有成为“匠人”的职业追求，要鼓励他们在工作中刻苦钻研，能够坚持做到老学到老，不断提高个人的专业技能，从而在制造大国向制造强国转型的历史进程中成就自己的精彩人生。

（二）搭建职业院校学生“工匠精神”的培育载体

1. 推进校企“产教”融合，明确培育主体

李克强总理在2016年做政府工作报告时第一次提出“工匠精神”，并明确指出要鼓励企业开展个性化、柔性化的产品定制生产，在企业中推进培养精益求精的工匠精神。随着工匠精神研究的深入，不仅是要鼓励企业重视工匠精神培养，更要推动职业教育成为工匠精神的培养主阵地，并鼓励企业、职业院校深入合作，发挥职业教育工匠精神传承教育的主体作用和企业工匠精神培养的基础性作用。

职业院校学生“工匠精神”的培养，不仅是长期的专业学习和日常积累训练出来的，更是依赖企业文化和企业精神长期的熏陶锻造出来的。因此，要积极推进校企合作、产教融合工作的开展，在职业院校的实践教学中，积极引入企业真实案例，强化真实工作环境下专业知识和技能的应用训练，将技能学习、校园文化活动和工匠精神的培养进行深度融合，实现“工匠精神”传承的沉浸式教育，使学生在专业学习中达到工匠精神传承教育的内化于心、外化于行，能做到知行并进，躬行践履。

大国工匠的培养，也是作为产业经济发展主体的企业必须要承担的历史使命和责任。企业在大国工匠培养中，要主动发挥主体能动作用，在企业文化中，大力弘扬传承“工匠精神”，重视技能人才的培养，才能够打造企业自己的优势品牌产品，让自己的产品顺利走向世界。如果企业不重视产品质量，不追求产品制造和管理的精益化生产，仅仅是为了追求高额利润放弃产品质量管控，那基层生产管理人员是无法具有严谨细致、精益求精、追求卓越的职业精神的。因此，要在企业中实现工匠精神的技术人才培养，首先，要加强产品质量的检测与管控，提高企业对产品质量进行溯源的能力，在产品生产制造中大力推进精益制造。质量管理的加强，将对企业员工养成对产品质量精益求精、生产过程完美细致的职业精神具有积极促进作用。其次，企业要能

够为专业技术人员及基层员工提供学习平台和技能提升培训机会，建立完善的企业员工培训制度，能够系统化地提高员工的职业技能。最后，要将工匠文化融入企业文化的建设中，形成员工积极钻研技艺、积极改进产品质量、自主提高自身责任意识的文化氛围。

大国工匠的培养，职业院校要彰显自己的育人本质。作为“大国工匠”培养的主阵地和核心力量，职业院校要响应时代要求，主动承担“工匠精神”传承教育所赋予的历史使命和社会责任，推动职业教育中“工匠精神”的传承与创新，助力我国从“制造大国”向“制造强国”迈进。

大国工匠的培养，职业院校要积极推进教学改革。职业教育要培养德智体美劳全面发展的高技能职业人才，就要把立德树人作为人才培养的重要目标。在专业教学中，要积极推进课程思政改革，强化实践教学与实训环节工匠精神传承教育思政元素的融入，营造工匠精神传承教育的文化氛围；还要推动工匠精神进校园、进课堂，在日常教学中引导学生树立崇高的职业理想与信仰，主动追求良好的职业道德和职业素养，提高学生的道德品质、文化素养和思想水平。通过全面的课程改革和教学改革，让崇尚质量、勇于创新、精益求精、严谨细致等优秀职业素养成为学生的职业追求，培养更多符合企业人才需求的“大国工匠”。

订单培养、产业学院、顶岗实习、课岗赛证融通、现代学徒制等多种校企合作模式，是当前职业院校为深度开展工匠精神培养采取的一些有效途径。实践教育作为工匠精神传承培养的重要方式和途径，将知识技能和职业精神及职业素养进行了有效融合，极大促进了“工匠精神”在职业教育中的培养效果。

2. 实施校企“文化”互融，形成工匠精神培养的肥沃土壤

让“工匠精神”成为青年技术人员的职业追求，让工匠精神回归企业文化，还要努力构建传承的肥沃土壤。作为职业技能人才培养的主要途径，校企合作、产教融合等模式是职业教育开展人才培养的必然选择。将企业文化和职业教育校园文化深入互融，开展深层次的产教融合、校企合作，是当前企业及院校的共识，也是校企双方努力尝试的合作改革方向。

工学结合是职业院校在校企合作模式进行人才技能培养的重要方法和途径，而校企文化互融是构建运行顺畅的工学结合人才培养模式，培养具有工匠精神的职业技能人才的有效机制。文化的主体是人，是实现对人的培养，其作用是育人。职业教育校园文化是培养技术技能型人才的文化，企业文化是指企业职工所认同并遵守的价值观、经营理念和企业精神，是一种用人的文化，提高职工价值的文化。无论是校园文化还

是企业文化，它们都是将培养和塑造人的价值观作为促进人的发展的着力点。正是由于两种文化存在共同的属性，因此校企文化存在融合的契合点，也使两种文化互融具有了可能性。职业教育人才培养，目的是满足企业技能人才需求，符合企业岗位需求是其价值的实现；企业所需要的技术人员如果能由职业教育的人才培养来提供，那校企双方在人才培养目标上就找到了共同点。因此，推进校企文化融合，让人才培养实现互动、互惠、互融就成为校企合作发展的新方向。建立融入职业岗位素养要求的特色校园文化，实现企业文化与校园文化的有机融合，是促进职业院校学生工匠精神传承教育的内在需求，不仅有利于职业教育校园文化的发展，也有助于提升企业文化的软实力。

3. 实施校企“育用”一体，创新培育模式

职业教育的发展对我国的科技进步、企业发展及社会繁荣具有不可或缺的作用，同样，职业教育的发展也将重振我国传统的“工匠精神”文化，助力我国“制造强国”战略目标的实现。正是由于职业教育在产业转型升级中的特殊作用，决定了企业不能脱离职业教育“工匠精神”的培养，而是要积极参与到职业教育的教学改革中，发挥其在“工匠精神”传承培养及“工匠习惯”养成中的重要作用，实施校企“育用”教学改革，创新工匠培养模式。

首先，举办“工匠精神”专题讲座。职业院校邀请企业技术能手或者技术专家来学校举办专题讲座，讲座内容与工匠精神传承培养相结合，把精益求精、严谨细致的岗位职业素养要求通过案例分享给学生，让学生能够通过真实案例的学习，认识到工匠精神在职业岗位中的重要性和成就感。还可以安排学生前往企业参过实习，与技术能手面对面，真正了解和认识企业中的精益生产，以及追求精益求精的工匠精神对保证产品质量的重要作用。

其次，引企入校，校企合作一体化办学，实现学生专业技能学习融入企业实际生产岗位，达到“做中学，学中做”的目的，通过企业技术人员传帮带，感受企业技术大师对工作质量的追求和执着，实现潜移默化地对学生进行工匠精神传承教育，激发学生勇于探索的精神和追求创新的态度，让学生能够真正领会工匠精神的深刻内涵。

（三）提高职业院校学生“工匠精神”的培育效能

作为拥有悠久历史的文明古国，工匠精神是我国传统文化中一颗璀璨的明珠。我国实现产业结构转型升级，实现中华民族伟大复兴，成为世界制造业强国，都需要以工匠精神为道德根基来培养足够数量的优秀职业技能人才来提供人才支撑。李克强总

理在2016年的《政府工作报告》中明确指出："要大力弘扬工匠精神，要厚植工匠文化，恪守职业操守，培育和传承更多的'中国工匠'，进而打造出更多的在世界上享有盛名的'中国品牌'。"职业院校作为我国培养职业技能的主阵地，必须把培养具有精益求精、严谨细致、进取精神的职业技能人才，作为工匠精神传承教育的追求，不断探索工匠精神传承教育适应职业教育的方法和路径。同时要切实提高课程思政教育的时效性，培养更多符合企业人才需求的复合型技能型人才，助力实现我国成为制造强国、创造大国的战略目标。根据以上分析，实现职业教育工匠精神的传承弘扬，可以从思想育人、实践育人和专业育人三个方面着手。

1. 开展课程思政教学改革，深化工匠精神的意识培养

"工匠精神"在学生群体的培养，首要的是让学生从思想上意识到其重要性，这样才能让学生有意识地主动践行工匠精神，而增强这种意识的有效途径就是加强学生的思想引领及教育。在专业课程中，进行课程思政改革，把工匠精神融入专业课程教学，把社会主义核心价值观与工匠精神进行有效融合，通过专业知识的学习，引导学生世界观、价值观、人生观的正确树立，使学生在专业教育中受到工匠精神潜移默化的影响，从而树立正确的职业信念追求和职业价值观。

培养具有工匠精神的新时代大学生，是全面实现职业教育人才培养目标的现实需要。作为职业技能型人才培养的主阵地，职业院校应该主动把工匠精神传承教育融入学生思政教育。作为高校践行社会主义核心价值观的重要内容，高校思政教育融入工匠精神的内容，既是加强思政教育的要求，也是高校思政教育改革的时代诉求。因此，职业院校在推进专业建设、校园文化建设、人才培养改革过程中，要注重学生工匠精神的传承培养，能够主动把工匠精神融入思政教育，充分发挥思政育人的促进效应，提高职业教育课程思政改革的科学化水平。职业教育工匠精神的传承弘扬，不是搞学生工匠精神培养形式主义，停留在知识教育的表面，而是要深入学生的职业理想、职业信仰和职业道德的精神层面，对学生开展融入了工匠精神的深层次思政教育。

首先，要将工匠精神融入课程思政理论教学，将社会主义核心价值观、马克思主义劳动观与工匠精神进行良好结合，坚定学生的职业信念，树立崇高的职业理想，建立明确的职业目标，对岗位技能充满热爱，对职业技能充满信心，让其对自己的专业技能充满自豪感和自信心。

其次，设置人文素养选修课，如《匠心筑梦》《中国梦》《大国工匠》等，通过大国工匠案例的学习，让学生更好地认识工匠精神，了解工匠意识。同时还要同步开展学生心理辅导，将工匠精神融入学生的内心深处。作为工匠精神的核心，匠心是指匠

人所拥有的细心、虚心、恒心、耐心、进取心等优秀的心理品质。在职业教育中开展“匠心”教育，对学生追求精益求精、努力进取、吃苦耐劳、严谨细致等优秀精神品质的培养将起到积极促进作用。

再次，要充分发挥辅导员和专业教师的作用。辅导员可以组织班级开展以工匠精神传承教育为主题的多种活动，如主题班会、专题讨论会等，让学生认识到工匠精神在其个人未来职业发展中的重要作用。第一，辅导员可以根据学生入学后的时间安排不同类型的主题活动来进行工匠精神的渗透，比如入学宣讲、技能节、文化节、文明班级评议等，通过不同活动的开展来加深学生对工匠精神内涵的认知与理解，使学生随着学习时间的增加逐步加深对工匠精神的体验。第二，专业教师要发挥引领示范作用。专业教师在传授知识与技能的同时，还要主动担负文化育人的责任。作为专业教师，要通过身体力行的工匠素养，潜移默化地影响学生，培养学生的工匠精神。第三，要完善师资力量培训机制及教师职业规范。通过各种类型培训，提升教师的工匠精神职业素养，通过相关教师职业规范，约束教师的行为，让其保持良好的师德师风，树立全员育人的职业意识。

最后，将“工匠精神”与专业教学有机融合，在专业学习的同时，接受职业素养教育，指导学生以工匠精神中的职业要求来提升自己的职业技能，让自己具有德艺双馨的职业素养。

2. 提高专业教学能力，奠定工匠精神的培育基础

职业性和专业性是职业教育的特点，专业教学是传承弘扬工匠精神的必经之路。因此，提高专业教学水平，强化实践教学对学生的磨炼，是职业教育培养工匠精神的有效途径。通过对人才培养进行优化，将工匠精神传承教育融入课程体系，强化课程思政改革，在教学活动中培养学生专业、专注的职业品质，有效提高学生的职业素养。

（1）将工匠精神融入专业课程体系

职业教育专业课程体系的设置，不但要体现专业特点，还要兼顾体现专业岗位的职业特色。因此，职业院校专业教师在制定人才培养方案时，要对市场进行深入调研，并结合专业建设实际，分析归纳企业对职业技能人才专业能力和职业素养的需求，以学生就业为导向进行人才培养。根据企业对人才的要求，通过确定教学目标、制定课程实施方案、评价教学效果等活动的开展，将工匠精神的传承培养融入专业教学的各个环节。在搭建专业知识体系时，要注意把专业理论中比较实用、成熟、基础的知识能够在教学过程中和工匠精神密切融合，实施情境化课堂教学，通过创设合适的职业情境来强化学生对职业素养的认知，深刻理解专业和行业发展对人才的需求要求。

高职高专教育一般为三年制大专，学生学习课程以专业课为主，因此，专业课教学是向学生传承和弘扬“工匠精神”的主阵地。在制定职业教育专业人才培养方案时，要把握职业教育的特点及职业院校学生的学情，通过合适的途径与方法把“劳动光荣、技能宝贵”的职业理念融入专业课程教学，在课堂上营造崇尚技能的学习氛围。专业课教师要通过对本专业、本单位实际条件的了解，并结合市场调研结果，对本专业学生进入职场后所必需的职业能力和专业技能进行总结和归纳，通过专业教学过程中课程思政的形式，让学生正确认识职业素养在未来工作中的重要性，能够在专业学习中，主动把对岗位的热爱、甘于奉献、职业信念、服务意识等良好的职业素养进行养成。专业课教师要能够根据不同专业课知识点的特点，把专业知识讲授和工匠精神进行融合，在专业学习过程中，传承工匠精神，让学生通过专业学习理解工匠精神的内涵。同时，作为专业任课教师，要把践行工匠精神从自身做起，在专业教学中，塑造自身工匠素质，为学生做好表率，用自身的优秀素质陶冶和熏陶学生。

（2）通过实践教学培养学生的技能，渗透和培养工匠精神

职业教育为保证良好教育效果，要积极开展理实一体化教学。职业素养和职业精神最好的融入方式是通过实践来内化到职业人才的职业素质中。将工匠精神和真实的工作任务与工作情境进行融合，让学生通过工作任务真正认识工匠精神的价值，真正理解工匠精神的内涵，才能够从内心真正接受工匠精神，真正完成学生工匠精神的培养。作为专业教师，既要重视学生职业素养的提升，又要注重学生职业能力的提高，那就要在专业教学中充分考虑学生的专业方向和职业岗位技能需求，通过实践教学提高学生的职业能力和职业素养。因此，职业院校可以通过校内校外实训基地的建设，将职业素养和职业技能融入平时的专业教学，创建真实的职业情境，让学生通过角色扮演，体验职业要求，在专业教学中渗透工匠精神的培养，促进学生职业精神的养成。此外，还可以鼓励学生多参加各种实践活动，拓展自己的知识能力，进行创新和探索，从而通过多种方式完成工匠精神的培养与传承。

2020年，教育部印发《教育部关于加强高职高专教育人才培养工作的意见》，该意见明确提出：“在高职教育三年制的专业当中，其实践教学学时通常不能少于教学总学时的40%。”这充分说明实践教学在职业教育中的重要性，也说明了职业教育的价值所在。因此，要在职业教育中进行工匠精神的传承与培养，一定要通过实践教学来培养学生的思维习惯和行事方式，通过实践教学让学生养成大国工匠所具有的职业素养和职业品质。

（3）开展现代学徒制改革，传递工匠精神

职业院校要积极开展校企合作，推进学生的顶岗实习，让学生在顶岗过程中塑造

工匠精神。学生顶岗实习过程中，积极开展新型学徒制改革，由企业当中的优秀员工或技术骨干担任学生的顶岗实习师傅，对学生进行一对一指导，使学生通过师傅的言传身教，在真实的企业岗位上，体验优秀工匠对技艺的执着追求，让学生在师徒传帮带中，深入理解工匠精神的内涵，养成工匠的行事方式。因此，作为职业院校要主动深化校企合作，开展深度产教融合，让学生积极深入生产实际，提高学生对新工艺、新设备、新技能的好奇心与求知欲，从而让学生更早地适应社会、适应企业岗位对人才的需求。

为此，职业院校要积极推进专业教学团队建设，带动新型学徒制改革的开展，专业教学团队中不仅包括学校的专业教师，还要包括企业优秀工人、行业专家，并且教学任务人员安排专兼结合，在不断提高专业教师实践教学能力的同时，建设学校具有优秀职业素养的专业人才队伍。

3. 推进实践教学改革，改善工匠精神的培养条件

职业院校要不断改革教学理念，深入推进教学改革，强化课程思政建设，营造工匠精神传承教育氛围，从而培养更多工匠人才。

首先，优秀的工匠是在不断的实践探索中磨炼出来的。作为以实践教学为主的职业教育，构建完善的实践教学体系是进行学生工匠精神传承与培养的前提条件。同时，实践教学体系的构建也是职业教育人才培养过程中的主线，也是职业教育与其他类型教育最大的区别。在职业教育中，首先从基本技能培养入手，建立单项技能到综合技能的实践体系；然后根据技能复杂程度的提高，以职业岗位要求为参照，有层次地构建专业实践体系，并在实践教学中贯穿工匠精神的培养教育。这样通过有计划有步骤地实施专业实践教育改革，运用新型师徒制育人方式，借助校企合作，培养技能人才优秀的职业素质。

（1）完善实训条件建设

实践教学条件的完善，是保证人才培养质量的基础，可以通过学校自建、校企共建、多校联合共建、政府建设等多种途径来进行实训条件建设。

由于条件所限，实训条件不够完善是大部分职业院校专业建设的一个短板。随着国家和地方先后推出一系列扶持职业教育的政策，比如“创新发展行动计划”“优质校建设”“卓越校建设”“双高计划”“双一流建设”等，从而相对充实了部分职业院校的办学经费，促使相关院校的实习实训条件逐步改善。但由于职业院校历史欠账、建设经费有限、建设周期较长等问题，大部分职业院校各专业的实习实训条件完全满足实践教学还存在一定难度，仍需相关主管部门提高经费支持的力度。

（2）积极开展实践教学

职业院校应该在专业人才培养过程中，积极开展实践教学，并把精益求精的工作态度、爱岗敬业的工作精神、一丝不苟的工作要求、专注执着的工作意志等工匠精神的特质融入实践教学过程，提高学生工匠精神培养教育的质量。此外，在实训实习过程中，培养学生专业技能一定要注重细节的培养，让一丝不苟、追求卓越、精益求精的优良工匠品质深刻融入学生的具体操作过程，从而使实践作品质量达到尽善尽美。在组织学生实践实习过程中，为使学生学习状态达到最佳，一定要杜绝学生投机取巧、走捷径的现象，严格要求学生按规程实践操作，以培养学生精益求精、耐心细致的职业态度。

（3）促进实践文化的形成

“教化育人”是文化对人最本质的作用。要想培养职业院校学生的工匠精神，一定要注重净化实践教学的文化环境，建设良好的实践教学文化氛围，从细节对学生进行工匠精神传承熏陶。随着科技进步与产业结构转型升级，企业越来越注重员工的综合素质，特别是对员工的文化素养和人文精神提出了更高要求，注重人的可持续发展能力。为满足现代企业对员工素质要求的提高，职业教育要主动变革人才培养方式，对文化育人进行创新，将职业教育校园文化、企业文化、传统文化与实践教学进行深度融合，构建实践教学文化模式，从而在实践教学过程中培养学生一丝不苟、精益求精的工匠精神特质。

校园文化是对职业院校学生进行工匠精神的传承与培养的重要载体，也是文化育人的一种重要方式。因此，在职业院校校园文化建设中，要通过工匠精神文化的融入，使学生时刻处于工匠精神的文化氛围中，从而帮助学生树立正确的职业价值观，也促使工匠精神文化真正地融入实践教学文化、职业教育校园文化。①

① 闫立文．职业技术院校学生工匠精神培育研究［D］．长春：东北师范大学，2018．

第六章　职业院校践行工匠精神的指引路径

第一节　组织开展“工匠精神”主题教育活动

培养高素质的富有工匠精神的技术技能人才是职业教育承担的艰巨任务，人才培养是培养人才的落脚点，而文化育人作为人才培养过程中的重要一环，涉及面很广。职业院校文化建设质量是文化育人能否取得良好效果的关键，为促进校园文化建设开展工匠精神传承教育主题活动，对提高文化育人的质量具有重要意义。

一、组织开展“工匠精神”主题教育活动的意义

（一）有助于推进创新校园文化建设

随着国家对职业教育的重视，校园文化建设工作越来越受到职业院校的重视，人财物等方面的投入逐步增加，极大地改善了文化传承教育的硬件条件，使文化育人的效果得到了很大的提升。校园文化氛围浓厚，使师生在工作和生活中的舒适感、自豪感和幸福感得到大幅提高，对工匠精神传承起到很大的促进作用。随着校园文化建设的进展，部分职业院校在建设内容、表现形式和表达方法方面难以获得新突破，校园文化建设进入了一定的瓶颈期。作为一种新的文化建设方案，尝试把工匠精神融入校园文化主题活动中，可以充实、丰富校园文化建设的内容，也使校园文化建设的展现形式更加多样，从而使文化育人的效果更加显著。

（二）对弘扬工匠精神起到促进作用

作为一名合格的“匠人”，不仅要手艺过硬，还要笃信工匠精神。对于职业教育，不仅要让学生掌握知识，授予技能，还要让他们具有良好的职业精神和素养。职业精神与素养的养成不是一朝一夕的事情，其成功养成需要工匠精神的支撑。工匠精神在职业精神与素养培养过程中具有重要地位，国务院总理李克强在政府工作报告中指出：“要大力弘扬工匠精神，厚植工匠文化，恪尽职业操守，崇尚精益求精，培育众多‘中国工匠’。”此外，“培育和传承好工匠精神”在《国家职业教育改革实施方案》中也被着重强调。大力弘扬工匠精神是职业教育人才培养过程中肩负的一项重要责任，在校园文化建设过程中融入工匠精神元素，通过课程思政教学、开展工匠特色文化活动等一系列措施，营造浓厚的工匠精神传承教育文化氛围，让学生在潜移默化中接受工匠精神，促进教学相长，将对职业技能人才的教育质量提升带来极大促进作用。

（三）有利于提升文化育人效果

文化育人作为人才培养的一种重要方式，其对人才的教育过程，本质上来说就是以文化人、以文育人的一个过程。在全国高校思想政治工作会议上，习近平总书记明确指出：“要更加注重以文化人、以文育人，广泛开展文明校园创建，开展形式多样、健康向上、格调高雅的校园文化活动。”作为文化和历史传承都不算悠久的职业教育相关院校，文化育人方面的短板更需要下功夫进行补齐。在校园文化建设中融入工匠精神，不仅切合职业教育改革的时代主题，也将大力提高文化育人的人才培养质量。例如，在职业院校校园文化建设中，积极开展主题文化传承活动，让工匠精神的巨大魅力在师生中耳濡目染，从而让工匠精神的内涵特质，转化为师生追求卓越、勇于创新、严谨细致的工匠作风和品质，将为职业院校学生职业技能和素养的提高带来积极促进作用。

（四）有利于促进技能人才培养

为社会经济发展和产业结构转型升级提供人才支持，为中国制造业提供高素质的技术技能型人才，是职业教育的重要职责。职业技能人才，除了高超的技术技能必须要掌握，还要拥有良好的职业精神，才能真正成为可堪大用的工匠人才。在校园文化建设中融入工匠精神，能够得到师生在思想上的认可和遵循，行动上能够持续践行，不仅能使得工匠精神得到较好的传承和弘扬，还有利于促进师生职业技能的提高。让学校师生在工匠精神指引下参加学校举办的主题工匠文化活动，在追求精益求精、严谨细致的工匠文化氛围中体味工匠精神的精髓，将对师生职业能力与素养的培养产生积极强化作用。

二、组织开展“工匠精神”主题教育活动的建议

（一）树立工匠文化理念

要使工匠精神对人才培养产生促进作用，并使主题活动开展具有成效，树立工匠文化理念是解决其与校园文化有机融合的首要条件。职业院校在长期办学过程中所形成的心理追求和价值取向，是校园精神的内核，也是职业院校的灵魂和精髓。把工匠精神融入学校精神内核，实现与职业院校精神文化理念的有机融合，树立工匠文化理念，可以更好地彰显职业院校的办学特色和文化理念。

湖南信息职业技术学院为长沙市政府主管的公办高等职业院校，以“服务国家战略，培养技术英才”为办学使命，以打造“信息技术应用先锋，智能制造人才培育基地”为行为导向，为信息产业和地方经济的发展培养了一大批工匠技能型专门人才。学院在人才培养过程中注重以文育人，以文化人，形成了具有信息技术和工程机械行业特点的办学文化特色。学院注重工匠精神的传承与培养，在校园文化建设过程中，将工匠精神和学院办学理念进行深度融合，引导学生形成“敬业、精益、专注、创新”的工匠行为文化，以及“精益求精、严谨细致、爱岗敬业”的工匠职业理念，具有浓厚的工程机械文化特色；在工匠型技能人才培养过程中，学院坚持“以思政教育为引领，以强身健体为重心，以职业技能训练为根本”的“三为”办学理念和“家国共担、手脑并用”的校训精神，既磨炼了匠心，又凝聚了人心。在工匠行为文化的指引下，教师潜心育人，学生刻苦磨炼技能，潜心服务工程机械装备产业链，时刻铭记“以质量为生命，以诚信为根本，以创新为引领”的制造湘军理念，培养了一大批具有工匠精神和工匠技能的高素质技能型人才，为我国信息技术产业和工程机械产业链发展做出积极贡献。

（二）营造工匠文化氛围

文化育人更注重文化氛围的营造，注重在潜移默化中涵养人的思想，因此，文化育人的过程具有“润物细无声”的效果。在进行校园主题文化活动时，注重工匠精神文化氛围的营造，不仅有利于将工匠精神深度融入校园文化，还能够让师生接受工匠精神潜移默化的影响，促使他们自己形成精益求精、严谨细致的工匠素养。工匠文化氛围的营造要注重多种表达形式的运用，例如校园大屏幕宣传片播放、文化长廊展示、

宣传横幅标语等；还可以在不同场合进行工匠氛围营造，如实训车间、公共空间、教室黑板报、教室办公区、学生宿舍区等；此外还要结合不同场合要求，选择合适形式，易于直观展示，形成无声胜有声的工匠文化氛围。比如可以将工业产品元素融入校园景观中，通过特定展品展现工匠精神的内涵，宣传工匠人物的事例，促进师生工匠精神的传承与教育。

机电工程学院作为培养大国制造业人才的重要学院，现建设有增材制造实践基地、工业机器人实践基地等，展现工匠精神的实践资源非常丰富，很好地发挥了爱国主义教育、先进制造教育、装备制造工匠精神传承教育基地的作用。为了突出展现工匠文化，学院在专业实训场地建设工匠文化墙和文化长廊，通过系列宣传展板展示湘信院特色工匠文化，宣传大国工匠先进事迹；在实训实验室摆放了作品展示柜，来展示职业技能竞赛优秀获奖作品。学院实训实践教室引入企业 6S 管理制度，对实训区域按生产标准划分标识线，对实践教学进行规范管理。通过类似企业生产实际的实践环境，构建浓厚的工匠文化氛围，让师生在不知不觉中感受工匠文化氛围，将会大大提升师生们工匠精神的修养水平。

（三）引入企业工匠文化

职业教育培养人才的目的是满足企业人才需求，服务企业。因此要将工匠精神较好地融入职业院校校园主题活动，融入校园文化中，就必须引入企业优秀工匠文化，与企业展开深入的产教合作，向企业工匠人才培养“取经”。校企合作的路径方式主要有以下几种：一是要能够做到博采众长。不同企业的企业文化建设各有特点，有的企业把质量看作企业的生命，有的企业把员工的创新意识作为文化核心，还有的企业更看重员工责任感的培养。为达到较好的工匠文化教育效果，职业院校要能够做到博采众长，汲取不同企业文化的精髓，助力自身文化建设。二是邀请文化内涵建设优秀的企业协助推进校园文化建设，双方多途径开展合作，建立帮扶机制，助力职业院校工匠文化建设。三是内引外援，职业院校可以定期邀请企业文化建设专家前来学校开展工匠精神主题讲座，加深师生对工匠精神的认识，并为校园文化建设提供咨询和建议，探寻校园工匠文化建设的有效途径。四是能够形成一批工匠文化精品成果，通过校企合作，双方共同建设校园工匠文化，力争推出一批可推广可复制的校园工匠文化优秀成果。

湖南信息职业技术学院依托“智能工坊”文化育人平台及湖南省 3D 产业技术战略联盟等平台，积极推动与企业开展文化建设合作。自 2016 年以来，机电工程学院多次组织项目组成员前往行业企业走访调研，深入挖掘相关企业文化建设中工匠文化建设成果，并和学院校园文化建设进行有机融合，形成了以增材制造和工程机械装备制造为特色的湘信院工匠文化，如工匠精神融入四史，让工匠文化在四史教育中熠熠生辉。①

第二节 组织参与“工匠精神”主题活动赛事

中华民族有着醇厚的历史文化，也有着悠久的工匠手艺传承传统。当前，我国已经处于高速发展、民族复兴的关键时期，再提工匠精神意义深刻，而工匠精神的发扬更需要职业教育的呼应，包括思想宣传、意识形成和精神形式推广，其中组织参与“工匠精神”主题活动赛事也是一种重要的方式。

一、组织参加“工匠精神”主题活动赛事的意义

（一）校园文化是工匠精神传承教育所具有的特定文化

校园精神气息与文化氛围，不仅包含了特色建筑、特色景观等物质形态的硬件环境设施，也包含了学校独有的传统、学风、校风、人际关系、集体舆论、文化氛围，还包括了学校发布的规章制度及教职员工在日常交往中所形成的非明文规定的行为准则。对于高校教学工作而言，学校创建一种氛围，学生们不断感知着既定的思想价值追求，从而达到陶冶学生情操、培养学生的健全人格、全面提高学生素质的终极目标。青年学生是大国工匠的未来主力，工匠精神的确立就要首先在校园发起、在校园文化中渗透，让学生在不知不觉中逐渐了解工匠精神的内涵和本质，成为国家需要的高素质人才。在校园推广工匠精神的主要模式很多，如有关工匠精神的主题赛事活动，能激励学生树立工匠精神，增强意识实践活动等。

（二）校园文化是工匠精神传承的一个纽带

在机械化工业时代，人们忽视过程，只重结果，商业行为大行其道。一些默默无闻钻研技术的技术人才被边缘化，导致没有人来把工匠精神传递下去，出现了所谓的文化“断层”。幸运的是，随着中国经济进入新常态，经济发展平稳，工匠精神被再次

① 李露芳. 工匠精神主题教育在德育教学中的实践与探究 [J]. 发明与创新（职业教育），2019（05）：53+67.

提起，并被大力推广。近几年，职业教育校园文化不论是物质投入还是思想方向都有了很大变化，校园文化建设被摆到高校建设的前面，发展势头迅猛，成为工匠精神传递的一个纽带。这为工匠精神在校园文化中的渗透提供了可能。

（三）工匠精神主题活动的开展是一种文化的渗透

工匠精神是高校文化教育的核心内容，校园文化的形成是一个不断完善、不断创新的过程，它需要不断地注入正能量，影响师生的言行举止。工匠精神是当前举国上下都在提倡和发展的一种精神，在这种情况下，工匠精神成为文化教育的重要部分，不论是课程设置还是校园文化活动，都会体现工匠精神。不断渗透工匠精神正是校园文化的魅力之所在，也是学校建设具有特色文化、特色专业之所在。

二、组织“工匠精神”主题活动赛事的策略

（一）榜样的示范、引领与激励

我们在赛事活动中，采用“榜样示范、企业观摩”的方式，让学生们近距离感受真正的“工匠”。在活动中，可以邀请本地企业的一些技术专家及本校毕业的优秀学生，请他们到学校“现身说法，口耳相传”，让学生和他们进行无缝对接。通过交流及成长经验的分享，学生们有了人生的坐标，努力的方向。在请进来的同时，还可以组织学生走出去。社团活动中，学生到企业里实地观察工厂的生产流程，了解自己未来的同行们如何操作，找出自己的技能水平与企业技师的差距。这类活动的开展，不仅使学生们真正认识到工匠精神对于现代产业工人的重要性，同时也发现了自身的不足，为自己的人生之路指明了方向。

（二）文化社团，营造工匠精神的氛围

通过创设良好的学校社团文化情境，开展以培育学生工匠精神为目的的社团文化活动，在有意识地引导下，让学生感受浓厚的“工匠”校园文化氛围，学生们在工匠精神的情境下，无形地受到吸引、感染并产生共鸣，从而有效地促进学生工匠精神形成与发展。在学生群体中进行工匠文化氛围情境的营造，这种情境吸引了人、熏陶了人、感染了人，对学生的工匠精神产生了潜移默化的积极作用，让学生更加坚定了自己的“工匠”信念。

（三）专业类社团，未来工匠的摇篮

“纸上得来终觉浅，绝知此事要躬行。”为了培育学生的工匠精神，我们依据学生

的专业，设计了相应的专业社团，如智能电气社团、智能汽车社团、智能制造社团等。以优秀社团“智能制造社团”为例，该社团在社团辅导老师的带领下，制作各类3D打印及激光加工作品在校园出售，并根据老师和同学们的反馈不断加以改进。在这样的制作、出售、改进、认可的循环中，学生的专业技能不断提高，自信心不断增强，工匠精神的品质不断提升。学生们通过这类的专业社团，认识了自我，提高了自我，放飞了自我。这样，未来的工匠也就自然形成了。

（四）丰富的专题类社团活动赛事，激发工匠热情

社团活动中，开展以“工匠精神”为主题的活动，如演讲比赛、辩论赛、征文等，激发学生的工匠热情。这类的专题社团活动不但锻炼了学生的表达、沟通、写作能力，更是从多方面强化了学生对于工匠精神的认知。经过笔者的观察，在社团指导老师的引导、鼓励下，学生们在参加这类的活动时都会想方设法从各个方面搜集材料，并且对这些材料认真地加以研究、整理，以求取得好的活动效果。这类活动的开展，学生的知识面变广了，做事的态度变得认真了，潜移默化中，学生对工匠精神的热情也就被激发出来了。①

第三节　组织参加“工匠精神”主题技能竞赛

全国职业院校技能大赛作为联合主办部门最全、参赛选手最多、社会影响最大、专业覆盖面最广的国家级职业技能赛事，是由教育部联合相关部门、行业和地方共同举办的一项全国性职业教育竞赛类活动。正是由于职业技能大赛的专业性与广泛性，其给职业教育师生及学生家长对职业教育的观念和看法带来了巨大影响，为职业教育的发展带来了强劲动力。技能大赛的开展不仅能对职业技能型人才培养产生良好的促进作用，同时对教师专业化水平提升、学生职业技能提高方面也具有积极影响，也是培育职业院校学生工匠精神的有效途径。

① 孙其松，张欢，韩广发，等. 职业院校赛事活动与工匠精神培养的研究与实践［J］. 中国培训，2020（11）：35-36.

一、组织参加“工匠精神”主题技能竞赛的意义

（一）技能大赛是促进工匠精神与专业教学深度融合的有效途径

职业院校要建立职业技能大赛对专业教学效果的反馈影响机制。第一，在职业院校人才培养过程中长期存在教学效果反馈制度缺失，或者效果反馈不及时及问题难以改善等情况。由于教学效果反馈机制不健全，导致学生工匠精神培养效果无法有效进行验证与评判。第二，职业技能大赛是职业人才对自身职业技能、所掌握的前沿技术进行的专业技能较量，在大赛过程中，将最新的专业技术规范、岗位标准进行融入，并对参赛学生赛中的实际表现在赛后向专业教师进行及时反馈，发现职业教育专业人才培养过程中存在的问题，有目的性地在未来教学中补齐学生技能“短板”，引导学校有针对性地进行人才培养方案的调整和健全完善课程体系，从而使培养的职业技能人才更加符合当今时代对人才的要求。第三，通过建立教学效果反馈机制，让参赛学校深刻认识到职业技能大赛对工匠精神和专业教学融合以及对工匠人才培养的积极影响和深刻意义。

职业院校还要推动职业技能大赛对专业教学方法的创新。首先，教学方法是指为了达到相应的教学目的，完成相应的教学内容，制定相应教学计划，在教学过程中，运用一定教学手段而进行师生相互作用的活动。随着教学改革的推进，现代化教学手段在职业技能人才培养过程中被大量采用，但传统授课教学方式也普遍存在，实践教学所占课时不足，导致职业技能人才缺乏工匠精神的培养。其次，职业技能大赛是对职业院校学生综合能力的考验，竞赛内容具有很强的实践性和专业性，并且时间紧凑，注重考查学生实际动手解决现实技术问题的职业综合能力。比赛过程中，不同专业竞赛内容将能够全面考查学生在实践学习中的效果，为解决技术问题对专业知识的综合应用，将对学生工匠精神进行全面的展现。因此，只有综合能力全面优秀的学生才能获得优异的技能大赛成绩。最后，在技能大赛备赛过程中，“训、练、赛”有机结合，不断创新职业技能人才培养教学方法，在院校专业建设和课程改革中，融入工匠精神内涵，不断提高职业技能人才培养质量。例如，机电工程学院为提高学生技能培养水平每年开展智能工匠技能节，“以赛带训”，在平时专业学习中，做到“以赛促教、以赛促学”，注重学生专业技能和职业素质的培养，进一步提高工匠人才培养效果。

职业技能竞赛的举行，对职业技能型人才培养方案改革，完善专业实践教学体系，创新专业教学方法，让职业院校认识到培养工匠型职业技能人才的紧迫性和必要性，

将工匠精神深度融入教学方法的创新，具有重要的推动作用。

（二）技能大赛是有效提升职业院校教师专业化水平的实践平台

为提高教师指导学生参加技能大赛的积极性，职业院校要健全完善技能竞赛激励机制。首先，技能大赛不仅是考查学生的综合职业技能水平，也间接地集中考验教师专业教学水平。随着职业技能竞赛不断的完善，竞赛题目越来越多地来源于生产实际，更侧重于学生综合运用学科知识解决实际生产问题的专业能力。职业院校教师作为职业人才培养的核心力量，首先自身要具有高超的职业技能、较强的实践动手能力及优秀的职业精神，才能对学生产生示范引导作用。其次，为鼓励广大教师积极指导学生参加技能大赛，职业院校要综合考虑自身实际情况，建立完善的技能竞赛激励制度。指导学生参加竞赛需要老师全身心投入，花费大量的时间参与学生实践训练，因此职业院校要将指导技能大赛纳入教师职称评聘和绩效考核当中，作为评价教师工作的重要指标之一。对获奖学生的指导老师，除了表彰和奖励外，还要在职称晋升方面进行一定倾斜。通过设计一系列激励制度，引导鼓励职业院校教师积极参与技能竞赛工作，推动职业院校专业技能型教师的培养工作。

随着社会科技水平的发展，企业装备更替速度加快，这对职业院校教师的自身专业水平提出了更高要求。技能大赛作为一项紧密对接生产实际的重大赛事，要想在竞赛中取得优异成绩，必然对参赛学生的指导教师提出更高的挑战。作为竞赛指导教师，一是要能够不断主动学习新技术新知识，不断更新自己的专业技能与知识领域。二是面对新技术新设备实践训练中的问题，要勇于进行尝试，并在解决问题过程中带领学生一起钻研和思考。三是要把握行业技术前沿与动态，能预测竞赛的最新专业技术要求。四是要鼓励学生在实践中进行创新，在实践过程中培养学生的创新意识和职业能力。职业技能大赛注重对学生的创新能力和创新意识的考察，而这些能力的培养是新时期工匠精神培养的重要组成部分，在学生工匠精神培养过程中教师的职业素养和能力也将得到提高。为更好地指导学生参加技能竞赛，指导教师需要深入企业，学习最新的技术，并掌握最新的职业技能，从而提升教师自身的技术水平和创新能力。教师自身专业能力水平和职业素养的有效提高，在指导过程中对学生带来身先垂范的作用，将对学生工匠精神的培养带来极大的帮助。

（三）技能大赛是展示学生技能风采、传播工匠精神的重要窗口

技能大赛的开展，将能全面展示学生的职业技能，在此过程中能够很好地提升学

生的工匠意识。首先，学生的职业素质是包含工匠精神在内的综合素质。专注、专业、探索、创新是职业素质的核心要求，技能竞赛将对学生这些核心能力的养成产生积极引导作用，从而提高学生的综合职业素质，体现学生良好的工匠精神素养。其次，职业技能竞赛项目和竞赛内容都是按照职业技能人才培养方案的核心能力来设计，力图通过专业竞技促进职业院校对学生职业能力和综合素质的培养，重点考察职业院校学生对专业知识的综合运用能力，从而展现职业技能人才的良好工匠精神。最后，对参加技能竞赛的学生要制定相关的鼓励措施。在评优评先、学业评定等方面要对参加技能竞赛的同学进行适当照顾，将技能竞赛的训练过程纳入学业管理过程，全面提高职业教育育人成效。

职业院校要以技能竞赛为育人抓手，建立“学校统筹管理、二级学院实施、专业群精准对接”的多层次工匠精神育人体系。首先，学校层面对职业技能竞赛进行统筹管理，制定参赛规则与制度，以工匠精神为训练重点，深入有效地进行竞赛备赛工作。其次，各二级教学院部结合自身优势专业和特点，以赛促学，以赛促教，积极引导本院学生参加竞赛集训，提升自身专业技能水平。最后，各二级院部要整合专业群优势资源，对接技能竞赛，并把工匠精神融入备赛集训过程中，完善工匠精神培养教育体系。

二、组织“工匠精神”主题技能竞赛的有效途径

（一）完善职业院校形成“工匠精神”的制度设计

国务院《关于印发国家职业教育改革实施方案的通知（国发〔2019〕4号）》中明确提出“职业院校和应用型本科高校按照国家教学标准和规定职责完成教学任务和职业技能人才培养”，《教育部、湖南省人民政府关于整省推进职业教育现代化服务“三高四新”战略的意见（湘政发〔2021〕5号）》中指出要“研究制定职业院校参与职业技能提升行动工作方案，开展职业技能竞赛”。这些文件的制定都从顶层设计、制度层面为推动职业技能竞赛的开展指明了方向。全国职业院校技能大赛每年举办一届，是职业院校专业覆盖面最广、参赛选手最多、社会影响最大、联合主办部门最全的国家级职业院校技能赛事。在2019年全国职业院校技能大赛中，共设置87个大项（89个小项），其中常规赛项82个大项（84个小项），行业特色赛项5个，1个主赛区和21个分赛区，直接参与企业近百家，参数选手1.8万余人。

为贯彻落实习近平新时代中国特色社会主义思想和党的十九大精神，科学化、规

范化推进职业院校技能大赛，完善职业教育培训体系，深入开展产教融合，全国职业院校技能大赛组委会研究制定了《全国职业院校技能大赛章程》，大赛制度建设不断完善，基本形成了国-省-市赛三级技能竞赛体系。大赛的持续开展，不仅深化了职业教育与产业的多元化合作，也充分展示了职业教育的办学成就，增强了职业教育在社会大众中的吸引力和影响力。“弘扬工匠精神，打造技能强国”为全国职业院校技能大赛竞赛宗旨，在竞赛中营造劳动光荣、技能宝贵、创造伟大的时代风尚，提高竞赛质量，实现高水平现代职业教育办学目标，为制造业转型升级提供有力的人才保障。

（二）竞赛组织促进教师重视“工匠精神”

随着技能大赛制度建设不断完善，比赛形式多样化，竞赛技术水平提高，职业技能大赛也在从“求会”向“求精”转变，这对参赛学生和指导老师的职业素养与能力提出了更高要求。大赛主办方在组织和实施过程中，对竞赛方案设计、赛场设计、样题设计、赛题设计、裁判员选拔与培训、赛事组织等详细工作，必须要做细做扎实，严格按照竞赛标准来准备与组织。并能够把“工匠精神”贯穿大赛组织全程，引导学生和指导教师在备赛的过程中注重工匠精神的传承教育。

（三）竞赛内容促进学生追求“工匠精神”

目前，职业素养已经成为90%以上职业院校技能竞赛赛项的竞赛要求，这也体现出了工匠精神在职业教育人才培养中的重要地位。例如，为鼓励创新竞赛和工匠精神，在2019年的技能大赛中新增了机械产品测绘与CAD创新设计赛项，将比赛过程中能否按照规范操作作为重点考核内容，并提高创新能力在考核指标分值中的占比。

（四）职业院校建立健全校内技能大赛制度

职业院校应鼓励学校老师带领学生参加技能大赛，并建立完善的校赛制度。将技能比赛作为提升师生职业技能的抓手，在人才培养过程中大力传承工匠精神。每个专业要根据专业特点对标职业技能大赛竞赛标准，开展岗位技能训练，提高学生竞技水平。根据学校专业和办学条件的实际情况，校级技能竞赛的组织形式可以多种多样，可以在系部或者专业层面开展，其主要目的是提高学生的职业能力与素养水平。校级技能竞赛的开展，要摒弃“人才培养围绕赛事转，一切为了学校荣誉和利益”的办学倾向，要以“竞赛为专业建设和课程改革服务，为提高办学质量服务，为提高人才培养效果服务”为目的。

（五）建立师生参与技能大赛的考核制度

职业院校应大力支持教师参与到技能大赛中，并将教师相关指导活动纳入绩效考核，对教师进行鼓励。职业院校应建立完善的考核奖励制度，把指导学生技能大赛作为教师的年度考核内容，并把其作为评优评先的一项重要指标，同时对指导学生获奖的老师，还要进行额外表彰和奖励。在学生层面，要积极引导学生参加专业技能竞赛，并把经过选拔能够参加更高层级技能竞赛，作为学生成绩认定、课程免修、学生评优等重要参考条件，为学生积极参加技能竞赛提供各种奖励支持，提高其参赛备赛积极性。

（六）建立吸引行业企业参赛的激励机制

为促进职业院校与合作企业深度融合，联合培养具有“工匠精神”的高素质技能人才，职业院校要制定激励机制吸引行业优势企业参与校级技能竞赛。职业技能竞赛要成为技能人才培养与企业技能人才需求的连接桥梁，通过学生进入企业顶岗、教师暑期下企业实践等形式，建立深度校企合作，形成产学研用的校企合作模式，建立校企双主体职业技能人才培养格局，实现学生、学校、企业合作共赢的育人机制。通过校企合作，使行业企业主动参与各级别职业技能竞赛，在竞赛规则、技术要求等方面发挥企业在技术水平、资金实力和员工技能方面的优势，提升职业技能竞赛的办赛质量与水平。①

第四节　积极推动“两节一赛一讲堂”特色主题活动

一、“两节一赛一讲堂”特色主题活动实施情况

湖南信息职业技术学院机电工程学院高度重视学生专业技术和思想政治教育，于2016年提出以“智造讲堂”和技能节、工匠文化节、创新创业大赛为主体的“两节一赛一讲堂”文化传承教育体系构想，并成立“智能工坊”社团。2017年开展第一届

① 柳学芳．基于职业技能竞赛五级赛制的高职化工类专业“金蓝领”工匠人才培养模式探索与实践［J］．化学工程与装备，2021（03）：266-267．

“两节一赛”活动，2018 年启动“智造讲堂”活动，邀请校内外专家为校内师生开展“工匠精神”传承教育，正式形成以“智能工坊”为平台，“两节一赛一讲堂”为主体的“工匠精神”传承教育常态化活动。

二、“两节一赛一讲堂”特色主题活动的特点

学院始终秉持“质量之魂，存于匠心”的教学理念，紧紧围绕立德树人根本任务，以第二课堂为重要的培养阵地，不断丰富文化育人培养内涵，在培养目标上鲜明聚焦，在培养机制上科学规范，在培养方式上求实创新，完善“智能工坊”文化育人体系，拓宽“智能工坊”文化育人广度，走出了一条思想政治教育与专业技术培养相互耦合、融为一体的卓越人才培养新路径，探索出“两节一赛一讲堂”的文化育人新模式，形成了具有可示范、可引领、可辐射、可推广、可持续的校企共育先进经验和典型做法，是落实全国高校思想政治工作会议精神及“三全”育人的重要举措。

三、育人实效

每年上半年通过技能节选拔优秀学生参加省市级职业技能大赛，与省内兄弟院校的优秀学子同台竞技，取得优异成绩；下半年通过创新创业大赛在全院选拔一批优秀学生和优质项目参加省市级创新创业大赛，在湖南省及长沙市黄炎培创新创业大赛、挑战杯创新大赛、全国 3D 打印大赛中成绩优异。每年下半年以“工匠精神”传承为主题开展的工匠文化节内容丰富，全院学子积极参与，形成了一系列具有影响力的“工匠文化主题板报”“工匠文化演讲”“工匠文化征文”“创意涂鸦”等文化传承活动，并吸引了许多企业参与，每届“两节一赛一讲堂”均以企业冠名，形成了校企共同开展工匠文化育人新局面。此外，通过“智造讲堂”开展讲座十数次，实现学生专升本数十人。

学院积极做好“智能工坊”文化传承育人品牌建设，传承弘扬“敬业、精益、专注、创新”的工匠文化，展现“家国共担、手脑并用”的湘信院文化育人成就。正是得益于在项目品牌建设过程中的文化育人成就，学院智能制造专业群顺利通过省、市两级双一流专业群建设评审并成功立项，必将更好地推动学院文化育人项目的开展。

四、推广价值

“质量之魂，存于匠心。要大力弘扬工匠精神，厚植工匠文化，恪尽职业操守，崇尚精益求精，培育众多‘中国工匠’。”李克强总理在 2017 年政府工作报告中的这句

话，引发了不少教育者的共鸣。中国要崛起为真正的制造强国，必须高度重视学生“工匠精神”的培养和建设，让学生认识到基层技术人员也有地位及崇高的身价。以“智能工坊”为平台开展的文化传承教育品牌建设项目，积极把“工匠精神”融入智能制造专业群教育品牌建设中，对学生在生活、工作中形成“敬业、精益、专注、创新”的工匠行为文化，推动“工匠精神”传承，重构国人的工匠精神来说具有重要的社会意义。

（一）建设目标

以“智能工坊”为平台，构建合理的文化育人组织架构；以“智能工坊”为平台，建立完善的“工匠精神”传承教育实践机制；以“智能工坊”为平台，形成制度化、规范化的文化传承育人体系；推出三个以上以“工匠精神”传承教育为主题的高质量原创作品案例；形成“工匠精神”传承教育的湘信院品牌，推动大学生传承中华民族传统“工匠精神”教育培养模式的应用与实践。

（二）推进方案

贯彻落实教育部党组、共青团中央《关于在各级各类学校推动培育和践行社会主义核心价值观长效机制建设的意见》，把社会主义核心价值观体现到教书育人全过程。在广泛征求各方面意见的基础上，做好“两节一赛一讲堂”项目建设实践的问题整理及经验总结，研究建立项目建设长效机制，制定项目推进实施方案，深入开展品牌建设。首先以“智能工坊”文化传承教育基地为依托，以“智造讲堂”为载体，积极开展“名师名匠”进校园宣讲活动，引导“工匠精神”走进师生，加深师生对传统“工匠精神”的认识与理解；其次充分利用技能节、工匠文化节、创新创业大赛的开展，把“工匠精神”融入作品创作，推出一批原创性的工匠作品，扩大“智能工坊”职业教育品牌的影响力和辐射力；最后，积极开展校园工匠文化节活动，结合职业教育实际和智能制造专业群师生特点，把“工匠精神”文化传承教育融入节目，持续创作一批原创歌剧、舞蹈等文艺精品，打造“智能工坊”文化育人品牌。

（三）重点举措

广泛宣传，扩大品牌影响力。通过在学院公众号、网站等新闻媒体开设专栏、制作专题、开办专版等形式，对“两节一赛一讲堂”活动进行高密度、全方位宣传报道，大张旗鼓地宣传项目开展情况，在全院营造浓厚的舆论氛围和文化育人环境。

强化领导，明确职责。成立“智能工坊”文化传承育人精品项目建设工作领导小组，机电工程学院院长任组长，党总支副书记任副组长，项目负责人为执行组长，各教研室主任、专业带头人为组员。领导小组下设“一室三组”，办公室负责项目建设的总协调工作，项目执行组负责“两节一赛”的组织开展，外联组负责“智造讲堂”专家的邀请及接待安排，效能监察组负责项目监督检查工作。

全员发动，全员参与。调动专业课教师、辅导员等育人主体的积极性，把教书与育人、言传与身教结合起来，坚持全体员工参与到文化育人过程中去。调动学生积极性，要求学生必须参加“两节一赛”中的一项文化活动，提高学生的文化认知水平，建立规范化、制度化的文化传承育人体系。依托“智能工坊”文化教育传承基地，持续推进“两节一赛一讲堂”的活动开展，每年初由机电工程学院党委、团总支统筹协调，项目组具体执行，召开项目年度建设调度会，做好每年的项目开展规划计划。同时制定推进思政精品项目建设工作实施方案和年度考核办法，细化目标任务，建成制度化、规范化的文化传承育人体系。

1. 持续开展以“工匠精神”文化传承为主题的技能节活动

每年上半年由“智能工坊”制定上半年技能节系列活动规划计划，并通过相关公众号、学院网站等进行广泛宣传发动，开展数控编程大赛、3D 建模大赛、3D 打印大赛、机械制图大赛等技能竞赛系列活动。把“工匠精神”传承融入职业技能教育中，通过职业技能培养，充分发挥师生主体能动作用，让师生自我领悟“工匠精神”的真谛，自我提高“匠人”水平。培养一批具有“工匠精神”的优秀学生，争取在省市级职业技能竞赛中取得优异成绩，形成机械教育工匠品牌。

2. 坚持开展“传承工匠精神，担当复兴重任”的创新创业竞赛活动

每年上半年积极组织学生开展“工匠文化”教育，把“质量之魂，存于匠心”的匠人文化融入创新创业项目，培养学生“敬业、精益、专注、创新”的工匠行为文化，选拔推荐一批突出“工匠精神”传承的优秀创新创业项目参加省市级大赛并争取获奖，增强“智能工坊”职业教育品牌的影响力和辐射力。

3. 广泛开展以“我的中国梦”为主题的工匠文化节活动

每年下半年结合职业教育实际和智能制造专业群师生特点，以“智能工坊”为主体，以“工匠精神”传承为主题，开展工匠文化节宣传造势，并按序开展演讲比赛、歌唱大赛、舞蹈大赛、创意涂鸦、主题板报、达人秀、篮球嘉年华等文化节活动。积极组织师生创作一批融入“工匠精神”的原创歌舞剧，利用重要节庆日、纪念日和重

大活动，广泛开展以爱国主义为核心的民族工匠文化和以改革创新为核心的时代精神宣传教育，引导师生坚定“四个自信”，扩大“智能工坊”文化传承教育品牌影响力。

4. 全年开展“名师名匠”进校园的“智造讲堂”活动

依托“智造讲堂”，全年邀请校内外名师、传统工匠、企业专家开展文化教育讲座，引导传统工匠文化走进师生，推广展示一批传承工匠文化的典型案例，选树一批可亲可信的大师工匠先进典型，营造传承工匠精神，自我提高的良好氛围。

5. 总结表彰

每年年中，适时召开半年度项目建设总结会，组织对技能节活动的督查总结及优秀学生选拔，安排省市职业技能大赛的集训工作，并制定下半年工匠文化节规划计划。每年 12 下旬，做好年度总结评比，进行项目建设年终考核，召开“两节一赛一讲堂”年度总结表彰大会，树立表彰一批文化育人优秀教师和学生典型。[①]

① 董晨阳，陈姝宇. 弘扬工匠精神树立职业英雄——技工院校高技能人才培养联盟主办工匠精神主题研讨活动 [J]. 职业，2016 (14)：5-6.

第七章　工匠精神视域下职业教育“智能工坊”平台建设

第一节　“智能工坊”平台培育模式概述

一、文化育人

“要更加注重以文化人、以文育人，广泛开展文明校园创建，开展形式多样、健康向上、格调高雅的校园文化活动。”这是习近平总书记在全国高校思想政治工作会议上对校园文化建设提出的要求。职业院校要把文化育人的内涵和工匠文化进行有机融合，建设具有职业技能特色的校园文化，潜移默化地培养学生的职业素质。所谓文化育人，就是文化与人的培养之间所形成的一种特定关系，是文化与人类职业发展之间所建立的体现与反映文化特质的一种重要关系。高校中现在越来越重视“文化育人”这一新概念。文化育人有别于传统的“文化素质教育”和“通识教育”，它的目的是为学生的未来发展奠定基础，包括德智体美劳的全民文化教育，目的在于培养学生良好的道德品质、正确的思维方式、正确的价值观，让学生具有一定的文化品位、创新能力、科学素养和良好的审美情趣，成为一名具有优秀综合素质、精神底蕴的工匠人才。职业院校的文化育人有其特殊性，指的是为实现“立德树人”的根本任务，全面提高职业技能人才培养质量和服务社会能力，职业院校以培养学生职业技能为重点的同时，自觉以校园文化建设引领职业技能人才的培养和转型，提高学生在职业素养、职业思想、人文素养与文化品位等方面的综合素质。

通识教育强调系统性、全面性地培养学生的知识结构，而文化素质教育重点培养学生的科学素养与人文精神，强调学生整体文化素质的提高。有别于国内普通高等教育的文化素质教育和西方的通识教育，职业院校重视文化育人的原因主要包括两个方面：一是职业教育侧重于学生职业技能的培养，学生的文化基础比较薄弱，文化育人的实施则可以补足学生的薄弱点，让学生成为具有优秀文化素养的职业技能人才。职业教育倡导文化育人，是在培养学生职业技能的同时，补足学生在道德素质、文化素养、专业知识等方面的弱项，实现职业院校学生的全面发展。二是现有文化素质教育在职业院校的育人效果不够理想，作为有意识的文化教育，学生接受度达不到教学目标要求；而强调潜移默化教育的文化育人模式，则是无意识文化教育，重在营造文化氛围，将文化教育渗透于管理、服务与教学的各环节，进而实现精神熏陶，有效达成育人目标。

高校“要更加注重以文化人、以文育人”“不断提高学生思想水平、政治觉悟、道德品质、文化素养，让学生成为德才兼备、全面发展的人才。”这是习近平总书记对职业教育的殷切期望。文化育人通过内化于心、外化于行的教育方式培养学生，强调职业素养、道德素养和文化素质的全面发展，侧重于培养学生的综合素质。技能育人更注重学生职业技能的培养，侧重于学生对专业知识和操作技能的掌握，而忽略了教育的根本目的，培养出的是技能单调的“机器人”，体现的是职业教育人才培养的工具性。文化育人全面培养学生的创新能力与学习能力，让学生拥有正确的价值观、高水准的人文主义精神，体现的是职业教育人才培养的价值性。

二、“智能工坊”平台

“智能工坊”是以传承“工匠精神”，弘扬核心价值，根据湖南信息职业技术学院机电工程学院实际情况，打造的基于“一个平台四条主线”模式的文化育人体系。一个平台就是“智能工坊”文化育人平台，通过该平台统筹开展“工匠精神”育人系列活动，进行整体内容的设计与实施。四条主线是根据打造适合院校的“工匠精神”系列活动，例如“工匠精神”主题活动节、技能节、文化节等活动。在“智能工坊”育人平台下，成立工作领导小组，统筹开展职业院校文化育人工作，明确职业院校各部门人员在文化育人项目建设和思想政治教育范畴中的具体职责和任务。

学院依托“智能工坊”育人平台打造精英教师团队，组织思想先进、水平高超、学生喜爱的校园名师、辅导员加入导师团队，把教书与育人、言传与身教结合起来，促进全员参与到文化育人过程中去。

依托“智能工坊”建设校园文化，开展各类主题活动、主题赛事、技能竞赛等，可以通过公众号、学院网站等新闻媒体开设专栏、制作专题、开办专版等形式，对相关活动进行高密度、全方位宣传报道，宣传项目开展情况，同时通过形式多样的在线互动，对学生进行文化思想指导，开展有温度的文化传承教育和思想引领。同时，依托“智能工坊”可以进行相关项目开展计划，制定实施方案和考核办法等，形成系统化、规范化的文化传承育人体系。[①]

第二节 “智能工坊”平台培育工匠型人才的方案设计

一、“智能工坊”平台育人机制的设计

为达成育人效果，优化平台运行机制，需要对平台的育人机制进行总体层面的规划，“智能工坊”育人平台的总体规划设计主要包括四个方面。

（一）“智能工坊”平台育人机制的总体规划

作为智能工坊协同育人机制的基础建设和运营基础，育人机制的总体规划在平台建设中起着提纲挈领的作用。智能工坊平台的育人目标是总体规划设计的依据，总体规划要对平台建设具有指导意义，既能指导平台的宏观发展方向，又能达到各参与主体所需要达到的育人目标。此外，规划内容还要有具体针对性，能够协调各教育资源的共享和融合应用。

（二）完善“智能工坊”平台育人机制的过程实施

智能工坊平台协同育人运行机制的核心环节是过程实施，也是提高育人效果的原动力。在平台协同育人机制运行过程中，育人机制能否成功达到效果，和机制能否顺利运行关系不是很大，即使是平台运行过程中可以根据实际情况进行适当调整以保证正常运行也不能说明运行机制没有问题。过程实施才是运行机制能否成功运行的关键，因此在过程实施中要注意平台运行中各主体的融合与运行衔接问题，包括活动的顺利衔接及各参与主体的内部融合和与外界环境的融合。

（三）做好“智能工坊”平台育人机制的反馈收集

育人效果的反馈与收集是平台育人运行是否顺畅的重要指标之一，智能工坊育人

① 张玉红，成军，徐一超．论新时代工匠精神引领职业院校文化育人的必要性［J］．传播力研究，2019，3（28）：217-218．

平台育人效果的反馈与收集可以是平台运行的整体宏观感受，也可以是一系列具体化的指标数据。整体宏观感受是指智能工坊育人机制中所体现出的各育人主体与育人目标的契合度、教育对象的认知度和教学实践的育人效果。指标数据主要是指智能工坊平台育人效果评估指标体系，包括育人目标与任务的达成率、育人效果的实现度、育人评价及育人意义的评估等。

（四）“智能工坊”平台育人机制的改进与完善

改进与完善环节是“智能工坊”平台育人机制运行的终末环节，是对反馈与收集的平台运行机制存在问题的解决方案，是保持智能工坊平台育人机制良好运行的有效手段。

二、“智能工坊”平台育人机制的具体实施

“三全育人”的教育改革理念是实现“智能工坊”平台协同育人机制的基础，其具体实施过程主要包括四个方面。

（一）教书育人的协同理念

传统教育理念重在教书育人，但传统教育理念要主动适应社会经济的发展进行适当的转变。根据社会经济发展的新需要而对教育理念进行更新，是提供更合适的技能人才助推社会经济的持续健康发展，而“智能工坊”育人平台就是创新育人方式的一种协同育人实践。“智能工坊”育人平台育人理念的创新实际是工匠文化传承教育在校园文化中的浸润和创新，是对协同育人理念的一种有效实践。管理机制的完善是理论发展的重要支撑，为有效实施智能工坊育人平台的协同育人，育人机制的完善主要包括两个方面：一是育人机制的完整性，也就是要系统性地建立育人制度；二是要健全育人机制的发展，也就是能够适应育人目标的变化。因此，教书育人的协同理念实质上就是育人理念的一种变革和创新。

（二）实践育人的协同发展

实践育人是培养职业技能人才的一种重要方式，而实践育人的协同发展正是“智能工坊”平台协调各方育人主体进行专业实践的一个过程，这个过程的完成需要各育人主体之间协同合作，共同完成培养具有工匠精神且符合现代企业需求的职业技能人才。在实践过程中要顺畅协调各育人主体就需要建立系统化的协同机制，在具体操作

中就是完善智能工坊育人平台的运行机制，协调各育人主体为了共同目标来开展主题实践活动，推进实践育人。主题实践活动的核心围绕着学生的专业实践来展开，在实践过程中注重调动学生社团和学生会等学生组织资源，既达成了育人目标，又锻炼了学生的实践能力，这也是保持“智能工坊”平台能够吸引学生兴趣的重要原因。

（三）服务育人的协同共享

“智能工坊”育人平台在运行过程中，各育人主体既相互影响又具有各自独立的特性，其相互影响体现更多的就是在育人过程中育人资源和各类成果的协同共享。职业院校肩负着培养具有高超实践能力的职业技能人才的历史重任，在人才培养过程中，需要根据职业院校学生专业技能和专业知识的差异性，培养具有工匠精神的整体综合素质优异的高级职业技能人才。服务育人协同共享的理念，目的是探索构建面向职业院校学生培养的一站式服务育人体系，实现政、校、企三方协同育人新模式的落地。

（四）管理育人的协同调节

高等院校学生管理工作的主体是学工系统来进行统筹，实行教学和校园生活两条线管理模式，最终的执行者是教师队伍和辅导员队伍来开展具体工作。这种管理方式运行时间长久，有其自己的优势，但也存在一定的弊端和问题。首先是在管理过程中，没有打通教学和学管的联通，两条线缺乏沟通，限制了育人的效果，其次是容易造成大家各司其职、闭门造车的现象，导致各领导机构和执行基层之间产生脱节，影响人才培养质量。

“智能工坊”育人平台的建立，目标就是搭建一个多部门沟通联系的平台，起到桥梁作用。平台内部建立了集合教学、辅导员、党员等各部门的优秀人员作为专家团队，同时大力推动学生在各特色项目室的自主管理，形成一种开放性的育人机制。正是这种开放性的运行机制，形成了各育人主体间的协同育人契合点，在人才培养过程中，各育人主体相互作用，不断改进育人机制，在加深联系的同时，提高平台文化育人的人才培养质量。[1]

① 董凡铭. 高校技能型人才工匠精神培育路径研究［J］. 鞍山师范学院学报，2020，22（05）：90-93.

第三节 "智能工坊"平台培育工匠型人才的创新举措

1912 年 12 月，教育家黄炎培在自己发表的《〈学生自治〉发行的旨趣》一文中指出职业教育最容易犯的错误有两种，其中对学生职业道德的培养是最容易被忽视的一种，他指出："仅仅教学生职业，而于精神的陶冶全不注意，把一种很好的教育变成器械的教育，一些儿没有自动的习惯和共同生活的修养。这种教育，顶好的结果，不过造成一种改良的艺徒，决不能造成良善的公民。"因此，职业教育要想培养既有高超技艺又有高尚道德和卓越人文素养的优秀人才，就要主动适应产业结构的调整和社会经济的市场变化，加强文化育人和技能育人的融合，加强职业人才专业技能和职业素养的培育。

一、"智能工坊"平台深入开展文化育人与技能育人融合

（一）将课堂教学与职业道德教育相结合

《大学生职业生涯规划》是大部分职业院校开设的一门关于职业道德培育的必修课程，但想达到职业道德培育的目标仅仅开设这一门课程是远远不够的。职业院校应将培育学生的职业意识，塑造学生优秀的职业道德贯穿于职业教育的全过程。首先，职业教育应结合职业院校学生发展特点，在人文素养类课程中融入职业道德教育，在人文教育过程中以适当方式引导学生认识职业道德的重要性，帮助学生树立正确的职业价值观；其次，职业院校还要加强专业课程的课程思政改革，将职业道德教育融合进专业知识的教学过程，建设课程思政示范专业课，通过优秀案例展示、情境模拟等方式，将精益求精、严谨细致等优秀的职业精神融入专业教学过程。在专业知识学习中，不仅让学生掌握了过硬的职业技能，还树立正确的个人职业道德价值观念。最后，在专业实践教学过程中，实践案例要选择企业真实生产案例，通过实践案例的完成，让学生感受企业岗位要求，以企业标准来培养学生的职业素养，让学生不仅在实践学习过程中提升自己的专业能力水平，同时树立爱岗敬业的职业道德精神。

湖南信息职业技术学院机电工程学院改革传统教学模式，在职业核心能力教学中融入人文素养精神，以"教师会教、学生会学"为改革目标，提高教师认识，通过教师职业素养的提升来培养学生的职业技能与道德，提升文化育人水平。

（二）“智能工坊”平台将文化育人融入职业技能学习

顶岗实践是将学生培养成合格的职业技能人才的重要条件，职业技能的养成必须要走出学校，进入实际岗位锻炼。“实践教学是理论教学的延伸，社会实践活动与专业教育有机融合，知行合一，将职业精神融入工作实践才能真正内化为一个工作者的职业素质。”职业院校学生职业技能实践机会较多，如专业实训课程、技能训练、顶岗实习等，这是与普通高等教育的最大区别。将职业精神、人文素养等文化内涵深度融入职业院校学生的实践教育过程，以文化人，不仅对培养学生的综合素质有帮助，还可以提高企业对学生的满意度和学生的就业质量。

湖南信息职业技术学院机械设计与制造专业的学生，在进行企业顶岗实习期间，对企业生产环境难以适应，面对技术难题时缺乏担当与责任感，对工作的积极性不高等问题，导致学生企业顶岗实习难以达到预期效果，影响学生专业技能的训练和职业素养的提高。为理顺专业教学与企业实践衔接不够的问题，湖南信息职业技术学院制定了专业教师暑期下企业实践制度，专业教师利用暑假期间下企业参加顶岗，把企业技能要求融入课程标准，并把企业岗位要求融入学生专业实践教育，在实践过程中培养学生的专业技能，提高专业认知，并指导学生制定职业生涯规划。同时，在学生企业顶岗实践过程中制定双导师制度，顶岗实习由学校老师和企业导师共同指导，对学生实践过程中遇到的困难与疑惑及时进行心理疏导，并根据学生情况及时调整实习目标。企业顶岗实习拓展了学生的实践空间，能够充分利用学校和社会资源。企业顶岗实习环境给学生带来了真正的认知企业岗位的机会，感受真正的工作氛围，让学生产生对企业文化的认同感，在实践过程中，与“精益求精、严谨细致”的岗位文化产生共鸣，提高自身综合能力水平的同时，树立正确的职业价值观。

二、“智能工坊”平台实现校园文化和企业文化的对接

所谓校园文化就是体现校园文化氛围和精神文明的一种环境，而企业文化是企业在运行过程中所形成的具有企业管理特色的职业认同和职业精神氛围。由于学校教育的特点，校园文化相对稳定，传承性较好，而企业文化的塑造受外部市场竞争因素的影响，可以根据市场竞争环境灵活调整，可操作性强。职业教育为社会培养技能人才，企业为社会提供产品，二者互相关联，共同推动社会发展和产业技术升级，只有将校园文化和企业文化进行有效对接，才能更好地提高技能人才培养质量，助力社会经济发展。

（一）工匠精神的传承培养

随着社会经济的发展，党的十九大报告对当前我国社会主要矛盾作出了与时俱进的新表述，指出“中国特色社会主义进入新时代，我国社会主要矛盾已经转化为人民日益增长的美好生活需要和不平衡不充分的发展之间的矛盾”。这一矛盾解决的关键就是要完成中国制造业的转型升级，由“制造业大国”向“制造业强国”转变，要完成这一任务，就需要在制造业中大力弘扬工匠精神，大力培养“工匠型”人才，这正是职业教育担负的历史使命和任务。

新时期的职业院校学生具有鲜明的个性特点，他们更喜欢参加丰富多彩的校园文化活动，而对传统课堂教学却缺乏足够兴趣。在丰富多彩的校园文化活动中融入工匠精神，既创新了工匠文化传承教育的方式，又能够让学生潜移默化地接受工匠精神的熏陶与教育，提高文化育人效果。以工匠精神培养为校园文化活动开展的切入点，开展工匠文化讲座，邀请企业技能大师为学生做专题报告，展示工人师傅的精巧绝活，展现技能工匠职业风采，开展工匠文化主题活动，如工匠征文比赛、工匠主题演讲、工匠主题班会、工匠主题辩论赛等，让精益求精、严谨细致、勇于创新、开拓进取的工匠精神，内化于心，外化于行，把工匠精神厚植于校园文化的沃土，提高职业院校学生的综合素养，提高职业人才培养的质量。

为提高职业教育文化育人效果，需要有针对性地开展学生的思想政治教育，从而培养学生良好的职业精神和工匠素养。职业院校应根据专业建设实际情况，推进学生管理工作的科学化、人性化，尊重学生的个性特点，严管与厚爱相结合，因材施教、因人施策，提高文化育人效果，塑造学生良好的职业精神。在校园文化建设中，坚持思想引领，加强校风学风建设，让学生把学习知识作为首要任务，同时积极参加各类校园活动，不断提高专业核心竞争力和人文综合素养，让学生在专业学习和校园活动中锤炼工匠精神。

（二）加强校企合作，以产教融合为实践主线

自从2014年以来，国家各部委先后发布了《关于加快发展现代职业教育的决定》《关于深化职业教育教学改革全面提高人才培养质量的若干意见》《关于深化人才发展体制机制改革的意见》《国家职业教育改革实施方案》等文件，特别是习近平总书记在党的十九大报告中重点强调要“完善职业教育和培训体系，深化产教融合、校企合作”。这些政策文件和领导人的指示，深刻体现了党和国家对职业教育的根本要求，那就是现代职业教育的未来必须坚持产教融合、深化校企合作。

职业院校在政府政策的支持下，围绕产教融合、校企合作开展了一系列实践探索活动，并取得了一定的研究成果。如湖南信息职业技术学院、湖南化工职业技术学院、湖南工业职业技术学院等高职院校分别与中联重科、中车集团、三一重工等本土产业链知名企业合作建立大师工作室、产业学院等，深度开展校企合作，既提高了职业技能人才的培养质量，又推动了职业教育的高质量发展。但受限于校企双方诉求差异、管理体制机制等多重因素的影响，校企合作还存在合作不够深入、合作层次不够高、运行机制不够完善等现实问题。这些问题的解决，需要双方在合作机制和人才培养上进行以下几方面的改革与完善。

1. 创新校企合作机制，改革人才培养模式

为培养符合企业人才需求和具有时代特色的优秀职业技能人才，校企双方要在合作实践中不断创新合作机制。比如湖南信息职业技术学院不断优化科研管理制度，鼓励专业教师积极参与企业新产品研发，并提高科研成果转化在职称评定中的比重，充分调动教师参加校企合作事务的积极性与主动性。而反过来，企业教师又可以把在校企合作开发新产品过程中的经验融入职业技能人才培养中，从而提高职业技能人才与企业岗位技能要求的匹配度。这种人才培养模式的改革，把产学研用融为一体，能够有效提升学生综合素质的培养，从而助力学生更快地适应职业成长需要。

2. 引入企业技能大师，打造优秀职教团队

优秀职业技能人才的培养，离不开优秀的职业院校教师团队。职业院校教师一般出身于普通高等院校，理论知识扎实，科研能力强，但缺乏职业技能实践，导致动手能力不足。企业员工与此相反，他们在工作中实践经验丰富，但理论知识薄弱，科研能力较差。深入开展产教融合，就需要校企双方建立顺畅的合作机制，定期开展人才交流，在职业院校引入企业技能大师，加深双方员工之间的了解，进行优势互补，打造优秀职教团队，为技能人才综合素质的提高提供师资保障。

（三）推进校企文化融合，建设具有职教特色的校园文化

职业教育的目标是培养技术技能型人才，“以服务为宗旨、以就业为导向”是其办学方针，具有鲜明的职教特色。随着国家政策的转变及社会经济发展，校企双方为提高职业人才培养质量逐步开展校企合作的办学模式改革。在合作过程中，校企文化进行了一定程度的融合，但还满足不了人才培养的需要，合作还不够深入。为形成具有职教特色的校园文化氛围，职业教育要不断推进校企文化融合，将不同类型企业的优秀文化进行吸收改良，形成具有职教特色的校园文化，助力工匠人才的培养。

职业教育课堂教学侧重于学生专业知识和基础文化素养的培养，缺乏职业精神和职业意识的教学内容，校企文化融合作为培养职业精神的一个重要选修，将有力促进学生职业精神的培养。贴近市场需求，能够根据市场发展变化适时调整文化内涵，突出职业性和人文性，体现企业人才的职业素养，是企业文化的显著特点。与企业文化相比，突出理论化、稳定化，而欠缺竞争意识和服务意识，是大部分职业院校校园文化的特点。深入推进校企文化融合，二者取长补短，互相促进，既增强了学生对职业素养的认识，认识到人文素养的重要性，又形成了规范的职业行为和工作态度，对职业教育人才培养大有裨益。企业文化注重员工人文素养的养成，从而形成自身的文化品牌，而院校缺乏品牌价值概念，更重视人才技能的培养，而对学生人文素养的重视有所欠缺。深入推进校企文化融合，可以弥补职业院校人文教育重视不足的问题，从而形成职业技能人才由“学校人”向“企业人”转变的文化意识。

深入推进校企文化融合，可以从以下几方面进行。

1. 建立校企文化融合管理机制

将企业文化充分融入校园文化建设，专业课程目标制定时充分考虑企业人才需求，在师资队伍建设中充分与企业进行人才交流，将企业文化素养融入教师职业素养中。在校园文化建设管理中，要多借鉴参考企业文化管理制度与管理模式，并建立校企合作委员会，专门负责制定完善校企文化融合管理制度，对校企合作进行专业的指导。湖南信息职业技术学院与中山联合光电、中联重科等企业签订了订单班来进行定向人才培养，在班级管理过程中用企业的管理制度来管理学生，注重以企业文化来培养学生的职业精神，在班级中形成了浓厚的企业文化氛围，对学生文化素养的养成提供了极大帮助。

2. 搭建校企文化融合平台

为提高校企文化融合水平，可以组建学生社团，由社团牵头组织社团成员前往企业参观、认识实习，或者邀请企业专家举办专题讲座，来对企业文化进行宣讲，增进企业文化在校园文化建设中的影响。此外，职业院校学生社团还可以牵头组织学生按专业特点在企业开展兼职工作，对岗兼职，不仅为学生提供了高价值的兼职岗位，学习到了职业技能，提高了自身人文素养，同时还可以降低企业生产的用工成本，达到校企合作的双赢状态。因此，搭建校企文化融合平台来进行深度文化融合，不仅是职业教育发展的趋势，也是职业技能人才培养的必然要求。在学生学习过程中，实现校企文化融合教育，不仅使学生提前认识了企业文化，同时还提高了自身人文素养水平，当在校职业教育完成时，顺利地成为满足企业人才需求的专业技能人才，提高职业教育人才培养的质量。

三、强化学生综合素养日常养成教育

（一）重视教育非功利性，培养学生综合素养

随着产业经济的发展，企业需要的是全面发展的高素质技能人才，只具有扎实的专业基础知识和优异的职业技能是远远不够的。因此，职业教育要改变传统人才培养理念，积极坚持“立德树人”初衷，培养的学生不仅具备一流的技术技能，还要具有诚信、健康、阳光的心态，这才是成功的职业教育。只有积极坚持教育非功利性的育人过程，在育人过程中坚持学生综合素养的提高，这样才能为社会主义和谐社会、为学生职业生涯的长远发展提供有益帮助。

为提高学生的综合素养，在职业人才培养过程中，可以积极通过第二课堂、社团活动、顶岗实践等活动来培养学生的创新能力、沟通协调能力等。可采取的具体措施有如下方面。

1. 加强思想政治教育

在学生思想政治教育过程中，要积极运用微信公众号、微信交流群、抖音直播等新媒体平台，以生动活泼、贴近学生心理的方式开展新时代学生思想政治教育，让学生不受外界不良思想的影响，树立正确的价值观和职业观。在运用新媒体技术开展思政教育过程中，要加强网络舆情监控，深入分析了解学生的思想动态，增加师生、家校网络互动，营造和谐轻松的网络教育环境，在融洽的网络交流过程中开展学生的思想政治教育。同时，老师、辅导员在开展网络思政教育过程中，要时刻关注学生心理状态，减少网络沉溺学生的出现，通过重视人文关怀，为学生提供一个充满爱的网络文化育人环境，让学生学习劲头更足、思维更活跃、心态更积极、思想更阳光，培养更优秀的职业道德素养。

2. 重视校园文化建设

职业教育在进行校园文化建设过程中，对学生文化素质培养重视不够，认识不够深刻，文化建设缺乏特色亮点。为建立良好的校园文化氛围，职业院校教师首先要以身作则，身体力行，为学生做职业素质养成的榜样。其次，校园文化活动的开展要体现职教特色，将专业知识融入文化活动过程，发挥学生实践能力强的特点，增强学生对职业岗位的自信。最后，职业院校还要通过校园环境、校风学风、管理制度等营造严谨治学、精益求精的校园文化氛围，时刻提醒学生养成良好职业道德素养的重要性。

3. 提升职业教育办学水平

职业教育相比于普通高等教育，在教学水平、师资力量等方面相对较为薄弱。要想培养学生良好的综合素质，职业院校就要克服自身的困难，通过加大师资力量建设等手段来努力提升办学水平，提高自身综合实力，为职业技能人才培养提供更高水平的学习条件。办学水平的提升，有助于为学生提供更宽广的职业眼界，有助于学生科学地进行职业生涯规划，提高学习兴趣。湖南信息职业技术学院近年来大力开展校企合作，在实习实训条件、师资力量等方面得到很大提高，为学生提供了更多的实践机会和学习资源。学校办学水平的提高，也为学生专业技能的培养提供了更好的支持，学生的综合素养也随之得到更好的提升。

为提高教学水平，职业院校在制定人才培养方案过程中，要更注重培养过程的人性化和宽松化，给予学生学习过程更多自主选择权，避免对学生学习过程的硬性约束。为此，在校园文化建设过程中应更多融入职业道德培养、创新精神、职业适应能力等内容，使培养的学生具有优秀的人文素质和职业技能，让学生、学生家长和企业对职业教育水平都更认同和满意。

（二）开展传统文化教育

当前，圣诞节、情人节、韩剧、好莱坞电影等西方文化入侵校园，对学生的思想产生较大不利影响，导致学生对中国传统文化了解和认识不足，为改善外来文化入侵的不利影响，就需要在校园文化建设中加大对中国传统文化的弘扬和推广。随着社会经济的发展和全面教育越来越重视传统文化，我国国民素质已得到极大提高，尤其是在校园文化建设中学生对传统文化的精神追求越来越广泛。尤其是一些传统文化类节目不仅在社会中影响越来越大，在学生群体中也非常受欢迎，比如《中国诗词大会》《朗读者》《晓说》等节目，逐渐从“严肃”走向“亲民”，以民俗化的形式，受到年轻人的欢迎，以寓教于乐的形式成功地宣传了传统文化。年轻人欢迎这种欢快的传统文化节目，说明他们对传统文化是有需求的，需要传统文化来对他们进行精神生活的滋养。但由于大部分文艺节目缺乏原创力，对传统文化挖掘不足，缺乏深度的宣传形式创新，跟风、模仿盛行，因此传统文化的弘扬与传承实际任重而道远。

“中华优秀传统文化是中华民族的精神命脉，是涵养社会主义核心价值观的重要源泉，也是我们在世界文化激荡中站稳脚跟的坚实根基。”这是中共中央政治局第十八次集体学习时习近平总书记对中华优秀传统文化做出的总结。作为具有5000年历史传承的中华传统文化，具有强大的生命力，在传承过程中，不仅涵盖了哲学、社会学、自然科学、文化艺术等诸多领域，而且对民族精神、民族气节等优秀品德进行了集中体现。优秀的中华传统文化对国民精神尤其是职业教育的校园文化精神文明建设有着深远的影响。坚持“富强、民主、文明、和谐；自由、平等、公正、法治；爱国、敬业、诚信、友善”的社会主义核心价值观，不仅是传承和弘扬中华传统文化的要求，也是新时代社会主义人才培养的必然要求。

传统文化的弘扬和传承不是一蹴而就的事情，需要长期的、循序渐进的开展。在日常校园文化活动中，可以通过传统服装表演、传统戏剧大舞台、国学大讲堂等多种文化形式呈现给学生，让学生对传统文化建立感性的认识，融入学生日常的文娱活动，营造浓厚的传统文化氛围。把传统文化厚植于青年职业院校学生的日常文化生活，对于提升他们的精神文明素养，摒弃低级恶俗具有深远影响。特别是传统文化提倡的“礼”的秩序要求，更是教育青少年要学会谨言慎行，养成“人无礼则不生，事无礼则不成，国无礼则不守”的美好德行素养。

传统文化教育活动的开展，要根据当代青年学子的思想特点，借助现代新媒体技术，对传统文化教育方式进行创新，将原来灌输式的教育向互动式教育转变，让青年学子参与到教育过程中，形成乐于接受传统文化的教育环境。由于传统文化教育具有精神和物质教育的双重属性，所以其教育过程应更注重学生的主动思考、参与和互动，特别是传统文化更多地具有耳濡目染、感同身受的特点，因此，更需要多样化的教育模式。近年来，湖南信息职业技术学院开设了《诵读与写作》《剪纸》《书法》等传统文化课程，加强优秀传统文化教育；并且利用超星慕课平台，建设网络学习课程，拓宽学生传统文化学习路径；同时深入开展“家国共担、手脑并用”校训的教育。在多年的传统文化校园建设中形成了“扣好人生第一粒扣子——入学教育”“离校前的一堂课——毕业典礼”“湘信盛典——年度颁奖”“雷锋家乡志愿者联盟”等校园文化品牌，以及30余个各有特色的校园社团组织，营造浓厚的中华传统文化传承与弘扬的文化氛围，为职业教育校园文化建设增添了任务色彩。特别是《茶艺与茶文化》《剪纸》《书法》等课程的开设，不仅让学生学习了高雅的文化艺术与民间瑰宝，更是提高了全院师生的文化品位，形成了极具特色的湘信院校园文化，营造了浓厚的传统文化育人环境。

（三）推动校园文化活动职业化

在校园文化活动中，开展形式多样的传统文化职业竞赛，让相关活动职业化，更易于学生对传统文化的认可和接受，提高学生的传统文化素养。第一，积极鼓励学生参加各类传统文化民俗大赛，将传统文化融入备赛和比赛过程中，学生深度参与传统文化形成过程，切身感受传统文化的内涵，比单纯的说教教育更有效果，学生体验更深刻。第二，积极开展志愿服务活动。湖南信息职业技术学院坐落于望城，是雷锋同志的故乡。学校在校园文化建设活动中建立了“雷锋家乡志愿者联盟”等志愿服务社团，通过多种形式志愿服务活动的开展，培养学生的爱心、沟通协调能力和生活技巧，同时还让学生深入了解了雷锋同志的生平事迹，对他优秀的品德有了更深刻的了解，这些优秀的事迹和传统美德是学生在课堂教育中难以深入领会的。第三，开展形式多样的校园文化系列活动。通过“传统戏剧大舞台”“书法大赛”“剪纸大赛”等活动的开展，拓展学生的见识，提高学生对传统文化的欣赏水平等，不仅可以提高学生的人文素养，还对学生职业技能素养的提高具有重要的推动作用。①

第四节 “两节一赛一讲堂”名师平台建设

一、“两节一赛一讲堂”名师平台建设背景

工匠精神是中华文明历史代代传承的，不仅需要传承与回归，更需要创新和发展。李克强总理在 2016 年 3 月的《政府工作报告》中首次提到培育精益求精的工匠精神，2016 年底，中共中央、国务院发布《关于加强和改进新形势下高校思想政治工作的意见》。高等职业院校作为培养高素质技能型人才的主体，如何把培养学生的工匠精神和高校思政育人工作进行有效结合，探究具有职业院校特色的文化育人方式，成为职业院校的一项重要任务。

结合学院党委“一个中心，两个突破”战略发展思路和“三全育人”的实践，湖南信息职业技术学院构建了“一个平台四条主线”的文化育人体系：一个平台即“智能工坊”文化育人平台，通过该平台统筹开展“工匠精神”传承育人系列活动，实现学生“工匠精神”培养和高校思想政治育人的整体设计；四条主线即每年上半年举办技能节，下半年举办工匠文化节和大学生创新创业竞赛，“智造讲堂”全年开讲的“两节一赛一讲堂”校园文化育人系列特色活动。通过系列活动的开展把“工匠精神”融入文化育人过程，在长沙市黄炎培创新创业大赛和湖南省职业技能大赛中获得一等奖、二等奖等优异成绩，并涌现出湖南省优秀毕业生李佩、徐子情，湖南省“最美志愿者”陈春林等优秀学生。一平台四主线设计思路示意图，如图 7.1 所示。

---

① 张孟，王荣俊，李二军. 高职教育培育工匠精神技能型人才的基本策略［J］. 教育教学论坛，2020（28）：360-361.

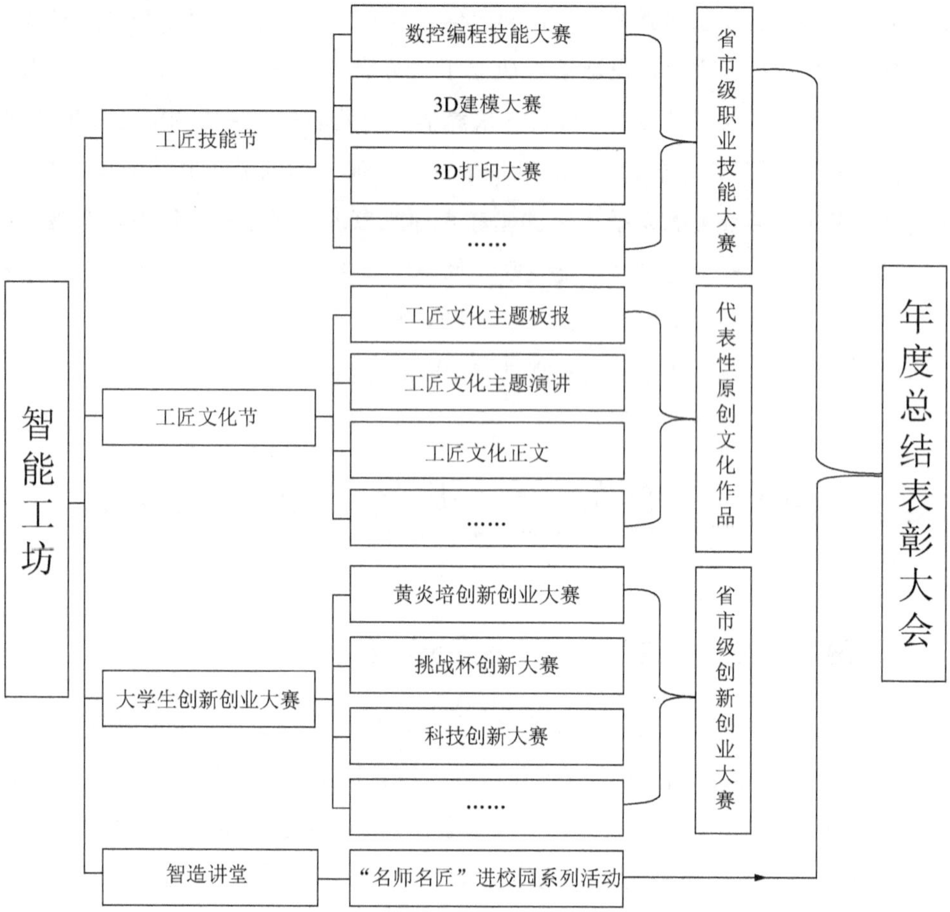

图 7.1　一平台四主线设计思路示意图

二、“两节一赛一讲堂”名师平台建设过程

湖南信息职业技术学院将培育和践行社会主义核心价值观作为立德树人的新常态，把校园特色文化节会与思政育人相融合，创造性地把“工匠精神”传承教育融入职业院校高素质技能人才培养全过程。2016 年底，机电工程学院成立“智能工坊”文化育人平台（2018 年把“两节一赛一讲堂”特色节会文化活动确定为机电工程学院常规活动 https：//www. hniucn/ijdxy/info/1070/1451. htm)，以第二课堂为重要的培养阵地，从理论和实践两个维度不断丰富文化育人培养内涵，在培养目标上鲜明聚焦，在培养机制上科学规范，在培养方式上求实创新，完善“智能工坊”文化育人体系，拓宽“智能工坊”文化育人广度，走出了一条思想政治教育与专业技术培养相互耦合、融为一体的卓越人才培养新路径，探索出“两节一赛一讲堂”的文化育人新模式，形成了具有可示范、可引领、可辐射、可推广、可持续的校企共育先进经验和典型做法，是落实全国高校思想政治工作会议精神及“三全”育人的重要举措。

（一）成立“智能工坊”文化育人互动平台

思政工作新时代，人文教育定乾坤。学校坚持思想引领、特色创新、主动有为，湖南信息职业技术学院机电工程学院于2016年底创造性地成立“智能工坊”文化育人社团平台，开展学生思想政治教育，传承“工匠精神”，弘扬核心价值，为全院师生量身打造了基于“一个平台四条主线”模式的文化育人体系。目前，在院部支持下，已成立“智能工坊”文化传承育人精品项目建设工作领导小组，统筹开展全院文化育人工作，明确院部各部门人员在文化育人项目建设和思想政治教育范畴中的具体职责和任务。学院依托“智能工坊”育人平台打造“工匠导师库”，组织思想先进、水平一流、深受学生喜爱的校园名师、辅导员加入导师库，把教书与育人、言传与身教结合起来，坚持全体员工参与到文化育人过程中去。

依托“智能工坊”建设“机电星光”公众号，本着“剖析核心价值、弘扬大爱精神、坚守原则底线、解读工匠精神、传播人文关怀”的原则，通过公众号、学院网站等新闻媒体开设专栏、制作专题、开办专版等形式，对“两节一赛一讲堂”活动进行高密度、全方位宣传报道，大张旗鼓地宣传项目开展情况，同时通过形式多样的在线互动，对学生出现的思想迷茫和发展困惑等进行指导，开展有温度的文化传承教育和思想引领。依托“智能工坊”文化教育传承基地，统筹协调“两节一赛一讲堂”活动的开展，做好每年的项目开展规划计划，同时制定推进思政精品项目建设工作实施方案和年度考核办法，细化目标任务，建成制度化、规范化的文化传承育人体系。

“智能工坊”文化育人项目建设启动以来，已连续三年开展了不同特色和主题的“两节一赛一讲堂”的校园文化节会活动，吸引了大批师生关注、参与，丰富了我校思想政治教育工作的文化内涵，树立了学生“工匠精神”文化培育和践行社会主义核心价值观的校园新标杆。

（二）开展以“工匠精神”文化传承为主题的技能节活动

积极构建“课堂有组赛、期中有单项、期末有综合，积极参加国赛、省赛”的良性运行机制，通过以相关企业给大赛冠名，把培育工匠精神、传播工匠文化渗透到技能节之中。教书不分上下课，育人不分上下班。以“工匠精神”文化传承为主题的技能节活动，告别了传统意义上的“办公室-宿舍（家）”“讲台-课桌”式的教育模式，开启了全新的“导师-学徒”模式。在数控编程大赛、3D建模大赛、3D打印大赛、机械制图大赛等技能节系列活动中，导师全程指导参赛学生，提供科学性、实用性、针对性的指导意见，既提升了专业技能水平，又实现了工匠精神培育的“传、帮、带”，为培育工匠精神创造了良好的校园文化。

2017 年上半年面向全院开展第一届技能节活动，举办了机械制图大赛、3D 建模大赛等技能竞赛活动，并选拔了一批具有“工匠精神”的优秀学生参加湖南省职业技能大赛。近几年，学院荣获省市级技能大赛奖项十多项（https://wwwhniucn/jdxy/info/1070/2217.htm），其中，3D 打印赛项获长沙市职业院校技能大赛一等奖。

（三）开展“传承工匠精神，担当复兴重任”的创新创业竞赛活动

在 2017 年初，依托“智能工坊”文化育人平台建立了《机电工程学院大学生创新创业制度细则》，将学院创新创业工作的日常管理制度化、规范化。在队伍建设方面，组建以院长钟波教授、党委副书记罗维根副教授为骨干的学生创新创业专家导师库。在创新创业项目开展中，首先是常态化举行关于创新创业方面的系列讲座和培训，邀请优秀创新创业团队成员对广大学生，特别是低年级学生积极动员引导，并指导实践培训；其次是实行“双轨导师制”，在学生自愿选择基础上，聘请各教研室专业老师或学工人员作为学生的学业导师和创新创业导师，与导师形成一对一指导方式，指导学生创新创业活动，对学生进行创新创业教育。通过这种方式，学生不仅从导师那里学到了所需的专业知识，更扩展了自身的知识结构，增强了沟通组织能力，培养了“敬业、精益、专注、创新”的工匠行为文化，提高了自身综合素质。

自从 2017 年举办第一届以“传承工匠精神，担当复兴重任”为主题的“智能工坊杯”创新创业规划大赛（https://wwwhniucn/jdxy/info/1072/1452.htm）以来，学院涌现出一批十分优秀的创新创业团队，其中获得挑战杯彩虹人生湖南省职业学校创新创效大赛二等奖，长沙市黄炎培创新创业大赛一等奖，学生创业开办公司三家，对带动整个创新创业活动有着非常积极的影响。

（四）开展以“我的中国梦”为主题的工匠文化节活动

每年下半年结合职业教育实际和智能制造专业群师生特点，以“我的中国梦”为主题开展工匠文化节活动，广泛开展以爱国主义为核心的民族工匠文化和以改革创新为核心的时代精神宣传教育。在文化节组织实施过程中，导师本着充分信任学生、始终信任学生的育人理念，坚持以学生作为文化育人创新发展原动力，将人的观念价值形成机理和人的主体性重塑目标，贯穿于匠人文化思想政治教育工作之中，激发青年创新创造的原动力，使得文化育人焕发蓬勃生机，创作了一批融入“工匠精神”的有影响力的原创文化作品。

2017 年学院举办了第一届企业冠名的“万家乐”杯校园文化艺术节活动（https://www.hniucn/jdxy/info/1071/1457.htm），本届文化艺术节从 3 月初启动，历时 10 个月，紧紧围绕“我的中国梦”为主题，以“坚定理想信念，厚植工匠情怀”为主线，

先后开展了工匠文化主题板报、工匠文化演讲、工匠文化征文、创意涂鸦等文化传承活动，参与师生2000余人次，既展现了师生积极进取、开拓创新的良好风貌，又彰显了学校“家国共担、手脑并用”的校训精神，既磨炼了匠心，又凝聚了人心。在总结前期活动经验基础上，“智能工坊”文化传承育人精品项目建设工作领导小组决定把文化艺术节升级为工匠文化节，推进文化育人与学生社团活动融合，让师生时时处处能够感受到学校的工匠精神传承教育，充分展示和诠释工匠文化的内涵。

（五）开展“名师名匠”进校园的“智造讲堂”活动

以“智能工坊”文化传承育人平台为依托，实施“名师名匠”培养计划，开展“学院工匠大师”评选活动，树立学院工匠文化践行者的先进典型。以“智造讲堂”为载体，大力宣传校内外工匠大师的先进事迹，挖掘呈现工匠精神和文化的先进事例，在全院形成尊重“名师名匠”、认同“名师名匠”、争当“名师名匠”的主流观念。2018年以来，通过“智造讲堂”活动的开展，营造传承“工匠精神”的文化氛围，更好地促进学生形成“敬业、精益、专注、创新”的工匠行为文化，展现了职业工匠型高素质人才校企共育新局面。

（六）总结表彰

每年12月下旬，召开“两节一赛一讲堂”文化育人活动年度总结表彰大会，树立表彰一批文化育人优秀教师和学生典型，增强师生的荣誉感和自豪感。

三、“两节一赛一讲堂”名师平台建设效果启示

职业教育是培育高素质技能型人才的基础，中国要崛起为真正的制造强国，必须高度重视学生“工匠文化”的培养和建设，让学生认识到基层技术人员也有地位及崇高的身价。把社会主义核心价值观等思想政治教育和工匠精神的文化传承教育进行有机融合，构建以工匠精神传承为主题的高素质技能型人才培养机制，对职业院校人才培养具有重要的理论指导意义。

机电工程学院以“智能工坊”平台为主体，以“两节一赛一讲堂”为载体，积极把“工匠文化”融入智能制造专业群教育品牌建设中，积极传承弘扬“敬业、精益、专注、创新”的工匠文化精神，展现“家国共担、手脑并用”的湘信院文化育人成就，对学生在生活、工作中形成“敬业、精益、专注、创新”的工匠行为文化，推动“工匠文化”传承，重构国人的工匠精神来说具有重要的实践意义。

从长远角度来看，我们还需要把政治教育目标纳入传统课堂范畴，全面、系统、深入地展开对学生的思政教育，让学生提高思想政治意识，使学生明白工匠文化的内

容、精神、价值，认识到工匠精神对民族进步和个人成长发展的重要性，增强学生培养工匠精神的意识。这样有利于学生树立良好的学习习惯，培养学生积极向上、不断进取的职业态度和严谨求实、精益求精的职业精神。

四、“两节一赛一讲堂”名师平台建设负责人简介

案例负责人郭纪斌，湖南信息职业技术学院机电工程学院智能制造教研室主任，副教授/高级工程师职称。2015 年主持教育厅科研项目一项，2018 年与 2020 年主持长沙市社科联研究项目各一项，2019 年主持长沙市十三五教育科学规划课题和湖南省职业教育精品在线课程各一项，2020 年主持湖南省高校思想政治工作质量提升工程项目一项。获 2016/2018/2020 年学院“优秀教师”、2017—2019 年度考核“优秀个人”、2018 年长沙市黄炎培职业教育奖创业规划大赛优秀指导教师等多项荣誉。

五、相关专家点评

衡阳师范学院文学院党总支书记张云峰副教授认为：此案例系统详尽，深耕学院，聚焦目标，展现了文化育人的特色特点：一是有亮度，很好地将专业特色与工匠精神进行了完美契合，富有职业院校的亮点；二是有高度，学院高度重视，精心设计，既体现了育人的高度，又体现了工作的高度；三是有广度，项目用一个平台来总揽，用四个维度的子项目建设来加以拓展和延伸，涵盖了文化育人的方方面面；四是有深度，不仅时间上已有几年沉淀，而且每年做新做深；五是有效度，通过此项目的开展，在专业实践、文化传承、队伍建设、立德树人、竞技竞赛等方面都取得了一定成效，产生了较好的声誉和影响。目前这一项目仍在不断建设和拓展中，未来的成绩可期。为此我提出三点建议：一是要进一步完善顶层设计，目前一平台和四活动之间联结性还不够鲜明，可以围绕“智能工坊”来设计活动名称与内容，如将两节一赛一讲堂改为“四智”系列，智慧讲堂、智匠技能节、智德文化节、智造创新创业大赛，这样“四智健全”的体系更加系统而有创意；二是要进一步融合信息学院特色，将信息学院“家国共担、手脑并用”的校训精神和地方特色的“雷锋精神”结合运用到“工匠精神”的培育中来；三是要进一步聚焦聚力，要学会以项目聚焦，比如学院的公众号就不要再另起名称，就叫“智能工坊”，而非“机电星光”。此外，要围绕项目来渗透专业教育、实践教育、文化活动、志愿服务等，并且每年丰富项目内涵，还要与校外实习实践机构建立育人共同体，加大表彰和宣传力度，树立品牌意识，扩大影响力。①

---

① 张丽艳，詹跃明，郭松梅，等. 基于现代学徒制下“工匠精神”创新平台的建设 [J]. 价值工程，2018，37 (25)：167-169.

第八章　校企合作模式下职业教育工匠精神的培育创新

第一节　校企合作培养学生工匠精神的优势

校企合作模式对职业院校学生工匠精神的培养具有一定优势。在校企合作过程中，将工匠精神的传承与弘扬根植于职业教育专业人才培养体系，构建“开放、融合、共赢”的长效合作机制，发挥校企合作下培育学生工匠精神的优势。

一、校企合作在工匠精神培养中的作用

（一）技能人才培养与工匠精神培养高度契合

随着我国近年来提出“制造强国”“智能制造”等制造业发展战略，产业经济发展已由原来的要素驱动、投资驱动逐渐向创新驱动转变，企业对高素质技能型人才的需求日益增长。但由于技能人才培养规划存在一些问题，在产业转型背景下，我国职业技能人才存在巨大缺口，而提供技能人才来填补缺口的重任需要职业院校来完成。

职业院校人才培养要主动适应经济发展新常态，坚持立德树人的育人目标，坚定人才内涵式培养，将培养符合企业需求的技术技能型人才作为职业教育根本任务。职业院校要将工匠精神融入人才培养过程，注重培养学生严谨细致、精益求精的职业品格，在理论学习和实践学习过程中，培养学生脚踏实地的工匠素质，养成崇尚产品质量的职业情操，对职业岗位能够保持敬畏心态。因此，在精神实质、价值取向和道德情操等方面，技能人才培养与工匠精神的培养存在高度契合。

（二）校企合作是技能人才培养的有效途径

校企合作是在人才培养过程中，达到校企双方合作共赢的一种人才培养模式，这种合作模式既能满足企业对新型专业技能人才的大量需求，又能促进职业院校适应产业技术的快速发展，是实现职业教育可持续发展的一种人才培养模式。通过校企合作，促进企业发展规模的快速扩张，同时企业规模壮大后又会反哺职业教育，形成良性循环。

在校企合作模式下，职业院校的主要作用包括五个方面：一是校企合作模式下，学校可以获得企业真实的人才需求数据，从而有助于学校明确专业定位；二是企业技术更新越来越快，对职业技能人才要求越来越高，专业建设的调整必须跟上企业技术的发展；三是有助于解决企业用工荒用工难问题，在此模式下，校企双方合作招生，制定培养计划，吸引学子报考订单班；四是职业院校可以提供社会培训服务，满足企业职工技能提升、工作转型等需要；五是校企合作双方可以得到政府的政策扶持和财政补贴，改善技能人才培养条件，为企业提供源源不断的高素质技能人才。

企业在职业技能人才培养中的作用也主要包括五个方面：一是企业可以为学生提供真实的实习岗位、真实的工作任务，学生在实践过程中可以实现“学岗融通”，实现教学与就业的有效衔接；二是可以引入企业投资举办校中厂，缓解政府财政投入的压力，改善学生实践条件；三是可以为教师提供企业实践机会，保证教师职业技能的持续提升；四是能够为学生实践教学提供经验丰富的企业技能人才作为兼职教师；五是可以为职业教育实践教学提供真实的产品作为项目案例。

近年来，随着政府对职业教育扶持政策的出台，校企双方开展合作的兴趣和行动越来越受到鼓励，并且在实践探索中取得了一定成效，达到了政校企三方共赢的效果。但是由于社会认同原因，在校企合作过程中仍存在部分问题，如合作机制不健全，难以真正实现互惠共赢，校企资源难以深度共享等问题，导致出现了部分“为合作而合作”的现象。

（三）校企合作为工匠精神培养提供有力保障

我国古代工匠的手艺基本是其一生手艺经验的集大成，并且往往是多代经验的积累，其传承多采用师带徒的形式，大部分传承强调“人身依附”和“体知躬行”。进入现代社会，由于受西方文化冲击，传统工匠手艺传承虽然跳出了封建传承的束缚，但其传承还是需要结合具体的岗位，来完成经验积累和师徒之间的技艺传承。大量的事实也可以证明，只有保持对工作岗位或者某项技艺的专业专注，才能实现产品制造的经验积累，制作出高质量的产品。所以，通过开展校企合作活动，依托企业提供的真实工作岗位，才能真正让学生对工匠精神的传承产生共鸣，提高学生的职业素养水平。为推进校企合作深入开展，培养高素质的技能人才，实现工匠精神的有效传承，构建有效的校企合作制度与工匠精神传承培养体系，将为工匠人才培养提供有力支撑。

二、校企合作助力工匠精神培养的建设策略

要深化校企合作，就要建立校企合作长效机制，推动工匠精神的传承弘扬，将工匠精神融入技能人才培养方案，构建“开放、融合、共赢”的人才培养体系，提高人才培养质量。职业教育要提高人才培养质量，提高职业人才的就业竞争力，就要大力推动与企业合作，改善人才培养的实践条件和教学方法，提前为企业发展储备人才，为中国高端制造业的发展提供人才支撑。长效机制建设策略可以从以下几方面进行完善。

（一）搭建政校行企合作平台，注重校企合作与工匠精神培养的“开放性”

以湖南信息职业技术学院为例，学院以落实“三高四新”战略，建设现代化新长沙为统领，以贯彻落实《长沙市打造国家重要先进制造业高地三年行动计划（2021—2023年）》《职业教育提质培优行动计划（2020—2023年）》和《关于深化产教融合的若干意见》等有关政策文件为主线，以创新“政产学研”多元协同育人机制为引领，紧密对接长沙全面推动国家重要制造业中心建设的战略，积极融入当地产业链，向纵深推进智能制造，推动传统产业智能化改造，培育产业联盟并力促新技术与高端制造业的深度融合，加快推进国家重要先进制造业高地建设，提升高职院校人才培养在先进制造业产业链中的地位，实现职业教育专业链与产业链的深度对接，彰显职教价值、贡献职教力量。

“三高四新”战略背景下，长沙全面推动国家重要制造业中心建设，以智能制造为统领，以产业链为抓手，以“三智一芯”为主攻方向，加快推进全市制造业高质量发展。近年来，长沙市按照国家和省里统一部署，围绕贯彻“制造强国”战略建设制造强省，以智能制造为统领，推动产业转型升级，全力打造国家智能制造中心，形成了独具特色的“长沙模式”。机电工程学院在探索建立智能制造专业群应用型人才培养机制过程中，应更多地考虑长沙打造国家智能制造中心的产业政策，积极对接融入当地的智能制造产业链，提升高职院校人才培养在本土智能制造产业链中的地位，实现高职教育专业链与产业链的深度对接，更好地服务当地经济发展建设。

职业院校应根据专业集群特点，充分发挥管理作用，积极探索校企协同育人长效

机制，并保持办学思想的开放性、对多元文化的兼容性，促进校企合作的深度和广度。职业院校办学思想的先进性，会让师生处于一个奋发向上、开拓创新的校园文化氛围中，而这正是培养工匠精神的重要一环。

（二）注重校企合作与工匠精神培养的“融合性”，保持校园文化先进性

保持校园文化建设先进性，推动校企合作与工匠精神融合性，可以从两个方面进行设计。

第一是积极引进优秀企业文化，注重顶层设计。在人才培养目标制定过程中，将工匠精神贯穿教学全过程，融入课程设置、实践教学、顶岗实习、理论教育等各个教学环节。在人才培养各环节融入工匠精神培养内容，注重人文教育、职业生涯规划、时事政策教育等课程对工匠人才培养的引导作用。

在校企合作过程中，企业要找准自己的定位，企业不是职业教育的组织者，不能也不应该为了纯粹育人而放弃生产，因此企业文化在校企文化融合中处于从属地位。在校企文化融合设计中，是把企业的敬业精神、创业思想、服务意识引入职业教育人才培养体系，在学校人文教育中融入企业的生产文化、效益文化和主动学习文化，有效地提高学生职业素养，提高学生对职业岗位的目标认同、价值统一和组织信赖，最终共同构建和谐统一的校企合作文化与工匠精神培养体系。

第二是构建“以德润身，技臻至善”的校园文化。在校企文化融合过程中，职业院校要保持自己在合作过程中的主导组织地位，保持“教书育人”的根本理念，而不能一味满足企业需求，不能把自己变成企业文化的盲目随从者。职业院校可以通过开展“工匠精神进校园”等活动，让学生接受耳濡目染的工匠文化熏陶，逐渐使之内化于心、外化于行。以第二课堂作为工匠精神教育的主阵地，在丰富多彩的校园文化活动中融入工匠精神的内涵，提高学生的职业素质。同时，在第二课堂活动开展中，对学生积极引导，在校园卫生、教室卫生、实训场所卫生保持中，让学生认识到专心致志做好这些微不足道的每件小事，其实也是践行精益求精的工匠精神的一种方式。

（三）校企深度融合，实现校企合作与工匠精神培养的“共赢”

以湖南信息职业技术学院数控技术专业和机械设计与制造专业为例，专业紧扣湖南省打造以中国智能制造示范引领区为目标的现代制造业基地和长沙市当好实施“三高四新”战略领头雁、建设现代化新湖南示范区的发展机遇，积极对接工程机械产业链头部企业，探索建立产学研用一体化的产业园区学院，对职业院校学生进行“订单”式培养，构建“校企双主体”育人机制。针对不同职业岗位特点，校企双方共同探讨

制定人才培养方案，做到人才培养“一岗一方案”。学院积极满足企业“淡季培养，旺季使用”的用人需求，在人才培养过程中，积极推行工学交替，在教学实施中，弹性安排教育教学进程。

为起到人才培养的主导组织作用，机电工程学院积极联合中联重科、泰嘉新材等大中型企业建立满足职业教学需要的校外实践基地，不仅有效解决了教师实践经验欠缺的问题，同时在主导职业人才培养的全过程，也有利于进行职业教育人才培养质量的管控。并且还积极引进企业技能大师，建立院级技能大师工作室，提高校内实训基地的专业建设水平。实现人才培养过程中能够以优秀的企业文化影响学生，以企业大师的人格魅力感染学生，提高职业院校学生工匠精神传承与弘扬教育的育人效果。

（四）深入推进现代学徒制育人模式，将工匠精神的培养引入企业

在职业人才培养过程中，积极建立“双体系”课程架构，推行“双导师”教学和“双标准”评价机制。

首先是做好课程规划。理论基础课程教学主要由职业院校实施，专业实践课程教学由企业选派经验丰富的技能型员工来开展实践教学，理实一体化课程则实现校企共建，共同制定课程标准。在校企责任鲜明的课程体系中，实现双方的优势互补，建设更多优秀的精品课程。

其次是要把工匠精神培养融入学生教学环节的各个层面。双导师的推行，实现了校内教师和校外师傅对学生职业教育过程的共同指导，实现了理论与实践教育中工匠精神培养的无缝对接。校内指导教师主要是在人文素养和专业理论知识方面对学生开展教育，让学生具备扎实的理论知识和优秀的职业精神；企业师傅主要对学生进行技能培养，指导学生解决专业技术实践技能方面的问题，让其具有优秀的职业技能。不管是校内指导教师，还是企业师傅，他们自身都要具有良好的职业素养，在指导学生的过程中，能够起到身先垂范的作用，能够通过自身所展现出的精益求精工匠精神。实现对学生潜移默化的教育和示范作用。

最后就是要构建职业院校＋企业的双重考核机制。学生在企业实践完毕后需要完成个人企业实践总结报告，其内容包括专业实践内容和践行工匠精神情况两部分，同时企业还要为实习学生出具实习鉴定，对学生在实习过程中职业素养、职业技能、践行工匠精神情况等进行考核鉴定，企业师傅和校内指导老师根据学生实习情况在实习鉴定表上签署个人意见。在学生毕业答辩时，学生企业实习鉴定在毕业设计成绩中占有一定比重，需要重点考察。

综上，工匠精神培养长效机制的建立，不仅需要职业院校的顶层设计，还需要各

二级学院结合专业实际，其培养的内容也需要不断更新；而工匠精神培养的途径，建议从校企深度合作入手，从校企文化融合逐步深入。①

第二节　校企合作模式下工匠型人才培养策略

一、校企合作模式下工匠型人才培养的现状和原因分析

（一）学习主体在校企合作中轻视“工匠精神”培养

“万般皆下品，唯有读书高”的儒家思想代表了人们对知识改变命运的美好期望，但这里的书指的是诵读儒家经典书籍，而不是学习掌握一门手艺。正是由于人们受传统思想的影响，导致人们缺乏对“匠人”的尊重，产生对职业教育的认知误差，认为职业教育就是“二流教育”，甚至是“后进生教育”。在这种社会氛围的影响下，导致职业院校学生对自己产生一种“后进心态”，这种社会偏见严重地影响了学生的身心健康和学习成长，也影响了学生对技能培养的态度，更遑论工匠精神的培养。我们从校企合作过程中工匠精神的学习主体学生的角度来分析工匠精神培养态度：职业院校学生受社会氛围的影响，从心态上认为自己走进的就是一个“后进生集体”“差生聚集体”，自己同学的学习习惯不好，学习态度不端正，导致自己随波逐流，放纵自己的学习生活。在这种环境里，大部分学生意识不到校企合作中的专业实践和企业实习是为自己提供了一条学习技能的途径，是给了自己成长成才的机会。正是由于学生对职业教育的错误认识，学生认为校企合作过程中安排的实习实践课程仅仅是为了完成学分积累而被迫完成的一个学习过程。在这个过程中，学生对专业技能的学习仅仅是为了完成任务，认识不到在这个过程中需要自己不断钻研，锻炼自己创新的精神，从而成为一名出色的工匠人才。学生对职业教育认识的偏差，导致了自身对职业教育和校企合作的轻视，导致了工匠精神培养过程产生一定阻碍。

（二）教师对“工匠精神”的认识和实践不够

职业院校教师是职业教育学生培养的核心力量，只有高素质的教师队伍才能培养出高素质的技能人才。但职业教育面临的现状却是大部分办学质量较好的职业院校已

① 王莉，罗昊．校企合作背景下的高职学生工匠精神的培育［J］．电脑知识与技术，2018，14（21）：195．

经转型为职业本科高校，而现有的大部分高职院校是由中职学校升格而来，教师队伍质量已不适应现代职业教育的发展。近年来国家通过国培、省培等机制为职业教育师资力量素质提升做了非常大的努力，但由于各种原因，在校企合作过程中，职业院校教师对工匠精神的认知和实践技能尚有待提高。

教师在负责校内实践教学过程中，由于专业实践能力和水平与企业需求脱节，职业思想理念陈旧，与现代企业职业思维已难以合拍，导致校企合作开展遇到阻碍。在实际师资力量中，由于管理机制缺失或者自身家庭因素影响等原因，职业院校教师没有动力深入企业学习专业技能和企业文化及相关规章制度，导致专业课教师不能及时通过实践提升自己的专业技术水平以符合企业技术发展的趋势，思政课教师由于缺乏企业实践，因而对企业职业道德的教育更多是“照本宣科”。

校企合作中的一个突出问题就是企业员工兼职专业实践教师的意愿不强，由于缺乏政策支持及管理机制没有捋顺，企业员工参与兼职教学就会影响自己本职工作，甚至影响自己的工资收入。此外，由于企业基层员工素质普遍不高，哪怕是基层优秀员工担任兼职教师，由于缺乏专业教学能力，也会导致实践教学中常出现“不会讲，讲不清”的尴尬局面。

（三）学校和企业各为利益主体

由于企业追求盈利产出，而教育追求人才培养质量，导致在校企合作中会存在合作目标不一致的问题，因此很多校企合作实际都是依靠学校领导和企业高层之间的私交来促成的。也是由于对利益的追求，很多企业参与校企合作的目的，实际是为了获得国家补贴，而不是真正地参与职业人才培养，当无法获得国家补贴或者经济利益时，大部分企业缺乏对校企合作的兴趣。此外就是还有一部分企业参与校企合作的目的是为了获得廉价劳动力，降低用工成本，而不是承担职业人才培养的社会责任。因此，大部分企业普遍认为校企合作会占用企业资源，或干扰企业正常生产经营活动，而不能认识到校企合作是为企业储备人才，降低人才培养成本的一个有效途径。

二、校企合作模式下工匠型人才培养的路径

（一）引导职业院校学生正视自身实际情况

正是受社会上对职业教育认识的影响，导致大部分职业院校学生甚至职业教育从业者缺乏对“工匠精神”的正确认识，而要彻底改变社会大众对职业教育的错误人才观是非常困难的。依靠职业教育的单一力量来改变职业教育认知的传统观念基本无法

完成，只有依靠社会、家长、学生、学校共同推动，才能完成这一艰巨任务。

1. 增强学生自我认同感

职业教育发展的当务之急是改变社会、家长、学生、学校等群体对职业教育认识的陈旧偏见，能够让其正确认识职业教育的重要性，确立职业教育在人才培养中的重要地位，扩大职业教育的宣传和社会影响力。职业院校应采取多种途径增强学生对职业教育的认同，关心学生的生活和思想教育，因材施教，树立学生正确的职业教育观，增强自我认同感。要让学生认识到自己并不是所谓的差生，职业教育是高等教育的一个重要组成部分，是和学术研究型人才处于同样地位的人才，比学术型人才具有更强的动手能力和实践技能，是技能型的精英人才。同时，还要让学生认识到社会所需的人才各种各样，并不是所有岗位都需要学术型人才，还需要从事各种基层工作的技术人才和普通工人。

2. 树立工匠榜样，提升工匠精神感染力

时至今日，"雷锋精神"依然是符合时代追求的价值观。要让职业院校学生对职业教育及职业人才培养产生发自内心的认同，对"工匠精神"形成自我追求，那么在职业教育过程中就应该形成"树立工匠榜样，提升精神感染"的文化氛围。从 2015 年以来，国家开始从基层技术人员中评选大国工匠。高风林、孟剑锋等八名一线基层技术能手入选第一批大国工匠，这八名大国工匠都毕业于职业学校，通过在工作岗位上多年的刻苦钻研，凭借自身优良的职业素养和精湛的技艺赢得了大国工匠的荣誉。为弘扬传承工匠精神，职业院校要积极开展诸如"大国工匠进校园""工匠讲堂"等丰富多彩的校园文化活动，让大国工匠走入校园，与学生进行面对面的交流，让学生深刻领会"工匠精神"的真正内涵。同时通过这些活动的开展，在学生心中树立起工匠榜样的形象，让学生能够增强学业自信，在学习中砥砺品质、强化技能、提升职业素养、让"工匠精神"内化于心，让自己成为一名优秀的工匠型职业人才。

（二）优化教师队伍

为有效解决校企合作过程中职业院校教师对"工匠精神"的认知不足和缺乏专业实践的问题，为培养优秀的工匠型人才，职业院校需要从教师队伍建设上寻找突破。

1. 组建符合需求的"双师型"教师队伍

组建符合职业教育需求的"双师型"教师队伍主要有两种途径：一是职业院校定期选派教师深入企业实践，提高教师的职业素养和专业技能；二是邀请企业优秀技术员工担任校内兼职教师。

首先，为避免教师企业实践“走马观花”“人浮于事”，职业院校要建立有效的管理机制对教师下企业实践进行有效管理和鼓励，比如经费支持、教学工作量抵扣、实践时间灵活安排等。通过教师企业实践，让教师能够掌握企业人才所需的职业技术技能，同时在工作环境中感受真正的企业文化，返校后能够将企业技能传授给学生，并能够把感受到的企业文化融入专业教学过程和对学生的考核评价中。其次，选择企业优秀的技术员工到校内担任兼职教师，他们可以将生产一线工作中的专业技术、职业道德、职业态度等工匠精神通过“言传身教”的方式，融入专业教学，让学生深刻领会“工匠精神”的内涵。在兼职教师选派过程中，一定要慎之又慎，避免企业员工素质满足不了人才培养需要，对学生职业道德培养产生负面影响。

2. 注重教师“师德师风”建设

师德师风是人才培养过程中最重要的隐性因素之一，对学生的培养起着非常重要的示范作用，因此职业院校一定要注重教师的“师德师风”建设。“授课”是教师最基本的工作，但真正“上好课”对一名教师来讲并不那么容易。要想真正实现上好课的目标，教师必须时刻关注市场人才需求和企业技术更新，不断提升自己的专业能力和水平，掌握新的教学理念和方法，这也是对一名合格教师的基本要求。注重“师德师风”建设，能够让学生时刻感受到老师的严谨敬业和一丝不苟，自然有利于学生对“工匠精神”培养产生兴趣。

（三）目标一致，实现校企共培共赢

在校企合作过程中，校企双方要追求一致的合作目标，要把为社会培养具有“工匠精神”的职业技能人才作为双方共同的追求，摒弃自己单一的利益诉求，寻求双方更长远的合作，真正实现合作共赢。

1. 企业要努力成为校企联合人才培养的主导者

企业在校企合作中，要努力转变自己的身份，让自己成为合作人才培养的主导者，真正实现企业的“双主体”地位，实现企业对人才和利益的诉求，从而提高企业参与校企合作的积极性。企业要在校企合作中引入企业新型学徒制等职业教育育人新模式，推动校企合作向纵深开展，实现“联合育人五共模式”，即共同制定人才培养方案、共同开发课程和教材、共同设计实施教学、共同组织考核评价、共同开展教学研究。

2. 在校园文化建设中引入企业文化

职业院校在校园文化建设中要积极引入企业文化，并把企业文化有机融入校园文化活动中，作为学生“工匠精神”培养的重要方式，提高职业院校学生的人文素养水

平。将企业文化中的质量追求、服务意识、诚实守信等职业精神融入校园文化活动，引导和规范学生的职业追求，可以让学生更直观地感受企业的发展历程和企业文化魅力，实现校企合作人才培养优势互补。

3. 对学生提前进行职业认知教育

职业院校在校企合作过程中，要合理制定认识实习的教学计划，学生可以通过认识实习发现自己的职业兴趣点，进而有目的地规划自己未来的职业发展、有目的地提升自己的职业素质。规划好自己的职业发展目标，职业院校学生在专业学习过程中就可以有的放矢，让“工匠精神”在专业学习中内化入自己的职业精神。

随着高新技术的发展，企业对具有“工匠精神”的技能型人才需求越来越多。职业院校作为“工匠型”人才培养的主要力量，虽然不能通过三年的职业教育把学生培养成大国工匠，但却可以为学生打下良好职业素养的坚实基础。为解决现代企业“工匠型”人才的用工荒和普通职业教育毕业生“就业难”的矛盾，校企双方要主动对人才培养进行改革。从职业院校方面来讲，要把人才培养和“工匠精神”培养进行有效融合，把工匠精神融入课程教学过程，形成具有工匠特色的技能培养和职业素养教育。从企业层面来讲，企业要能够把真正工作场景改造成适合专业实践的教学场景，并把企业文化中的“工匠素养”植入实践教学，对学生职业素养的形成产生潜移默化的影响，从而实现学生职业认知的提前培养。

（四）校企合作机制的完善有助于职业院校学生综合素质与技能的提高

构建完善的校企合作机制是成功开展校企合作的基础。职业院校学生的培养要以满足企业人才需求为导向，构建校企合作人才培养机制，构建“双主体”的人才培养模式。

1. 培养符合企业需求的人才

在职业技能型人才培养过程中，职业院校要具有“企业需要什么样的人才，职业教育就培养什么样的人才”的教育理念，紧紧把住人才培养的方向。在人才培养方案修订过程中，职业院校要邀请企业技术专家一起进行方案论证，以使教学内容和课程体系符合企业所需人才培养的要求。

2. 建立学生实习长效机制

为真正提高职业院校学生的职业能力，企业要能够主动安排兼职教师进行实践教学，并在此过程中为学生提供合适的实习岗位。职业院校则要安排专人指导学生实习过程，并根据企业兼职教师的意见反馈，及时调整人才培养方案、课程设置和教学内容，使职业院校的人才培养效果能够满足企业对技能人才的需求，从而建立学生企业顶岗实习的长效机制。

3. 人才培养目标要明确

在校企合作进行人才培养过程中，企业一定要对人才培养的目标进行明确，并对职业院校人才培养的课程体系和专业考核提出有效建议，使职业院校培养的技能人才能够满足企业岗位对专业技能和实操能力的需求。

4. 校企合作模式灵活多样

随着校企合作的深入，双方可以探索灵活多样的合作模式，比如专业实践教学可以在合作企业的生产现场来开展。在不影响企业正常生产运营的前提下，企业员工和职业院校学生一起参加专业学习和实际操作，双方互通有无，共同进步，从而提高人才培养效果。

（五）加强实训基地建设，提高实践教学能力

实践教学是职业教育的重要环节，为提高实践教学效果，在校企合作过程中，企业可以为职业院校学生提供更好的实践条件。在校企合作的背景下，校企双方要加强协作，加强校内外实训基地建设，为实践教学提供更多途径。

1. 校企合理分工，共同开展实践教学活动

在校企合作过程中，要对校企双方合理分工。职业院校作为学生管理主体，主要负责学生的日常教育管理，并提供教学资源，满足学生理论知识和专业课程的教学需要。企业作为优质实践条件的提供方，主要负责对学生工匠素养的培养，为职业院校学生专业实践提供实习岗位和场地。

2. 建设实习基地，实施校企合一

职业教育实习实训基地包括校内和校外两部分。双方可以共同建设校内实训基地，便于校内专业实践教学活动的开展；或者在企业内部建立实习实训基地，建立贴近企业实际的实习条件，锻炼学生的动手能力，培养职业技能。

3. 加强对教师综合素养和实践技能的培训

在校企合作的背景下，职业院校要鼓励教师深入企业开展专业实践活动，在实践中提升自己的专业技能水平和专业素养。为鼓励教师主动下企业实践，职业院校可以把企业实践作为教师职称评定的加分项，促使职业院校教师具有参加企业实践的主动

性，助力双师型教师的培养。①

第三节 校企合作模式下推动产教融合深入发展

职业教育在我国兴起后，校企合作的发展大致经历了四个阶段：一是“工学并举”以求实业兴国的兴起阶段；二是新中国成立后至改革开放前的“半工半读”起步阶段；三是国家将“工学结合”确定为国家职业教育发展重要路径，大力开展示范院校建设的发展阶段；四是十八届三中全会后将校企合作作为职业院校人才培养重要形式，提出“深化产教融合、校企合作”发展战略的深度融合阶段。随着国家政策对职业教育的扶持，校企合作成为发展职业教育的重要路径，但越来越多的职业教育专家也深刻意识到职业教育的难点恰恰也是校企合作。现在校企合作成为职业教育难点的原因大家大致形成了以下几点共识。

从政府层面来讲，国家出台了大量政策制度，并进行了大量试点，力图引导校企合作的良性发展，但实际运行效果却不尽如人意；从企业层面来讲，由于企业追求的最终目标是实现盈利，因此企业主动参与校企合作的积极性始终不高，难以达到政府预想的目标；从职业院校层面来讲，由于科研技术服务与企业需求“两张皮”、社会服务能力做不到“适销对路”等原因，导致人才培养质量难以符合企业人才需求，企业对接职业教育的积极性不高。正是因为以上问题的存在，导致目前校企合作一直处于顶岗实习、员工培训、劳务服务等表层合作，与校企合作顶层设计目标中的提升合作层次，建立校企之间良性合作，实现双方深度融合的高层次校企合作目标相差甚远。

一、影响职业教育产教融合校企合作有效性发挥的主要因素

（一）校企合作的深度开展缺乏有效的制度保障

为职业教育校企合作的开展提供完善的法律保障制度支持是发达国家推行职业教育的先进经验。比如德国的双元制制度保障体系，明确了校企双方的责权利管理，界定了合作过程中适用的法律制度，为双方合作提供了法律保障；美国为提供职业教育充足的经费支撑，相关法律制度为产教融合制定了详尽科学的具体方案，并根据实际

① 廖芳．基于校企深度合作的高职学生工匠精神培育研究［J］．中国多媒体与网络教学学报（中旬刊），2019（10）：81-82．

情况适时修订调整；日本的相关法律制度更注重产教融合过程中的内容具体化。发达国家职教法律体系的共性凸显了校企合作过程中法律制度的强制性，并强化了合作过程中企业的主体性，强调了法律体系适应职业教育发展的动态适应性，重视产教融合立法的创新性。为填补职业教育立法的空白，我国于 1996 年颁布了《职业教育法》，但由于缺乏配套的实施细则，导致在推进校企合作过程中校企双方利益缺乏有效的法律制度保障。

1．职业教育法律体系建设还不完善

《职业教育法》是国家层面的指向性法律，其具有宏观性和抽象性，在实际应用中缺乏可操作性和可实施性；地方政府在推进职业教育产教融合过程中，不仅缺乏相关配套地方性法规的支持，而且现存的各种指导性意见中对各方职责定义笼统，可操作性不强，特别是对企业的扶持条件缺乏量化，而且对违反合作协议的惩处规定也较少且模糊。

2．责任分担机制不健全

现有法律制度对在校企合作中的政府、企业、职业院校、教师、学生等各主体的责任划分不够明确，衔接难以通畅。首先，教育部门缺乏其他部门支持的局面未明显改善。由于相关法律制度的制定牵涉教育、发改、工信、人社、税务等多个政府部门，国家建立了国务院职业教育工作部际联席会议制度，由教育部为牵头单位，主要职能是贯彻党和国家职业教育工作的重大决策部署，统筹全国职业教育工作，研究职业教育重大问题；研究审议拟出台的职业教育法规政策，部署职业教育改革创新重大事项，督促检查职业教育政策措施的落实情况，以形成推动职业教育产教融合工作的合力。但在实际运行中还是走的教育分管领导负责、教育部门牵头主导职业教育工作的传统老路，各相关部委难以形成职教发展合作共同体。在实际校企合作模式下，产教融合之所以存在表面化和难以深入，其最根本的原因就在于相关利益主体的利益诉求缺乏有效法律保障。

(1) 相关责任仍未厘清

一是在理论层面上仍无法清晰产教融合的内在机理，导致相关体制机制的缺乏，在校企双方实际合作中无法提供有效指导和理论支撑；二是管理过程中缺乏激励机制，校企双方深入开展产教融合的内在动力不足；三是校企双方角色定位思路固化，以自我利益驱动为合作思路，导致深度融合面临巨大困难；四是各管理部门对各自角色定位、责任认识、奖惩举措等均未厘清自身认识及责任。

(2) 各责任主体的利益诉求不一致。

一是政府利益诉求。政府层面努力推动产教融合的目的是实现职业教育的现代化，职业教育的现代化是实现教育现代化的重要支撑。但如前所述，政府所诉求的政绩目标存在一定兑现难度。第一是由于相关法律法规的不完善导致无法支撑起利益诉求的实现；第二是受制于财政管理制度的不完善，导致产教融合政府资金支持不能及时到位；第三是受限于财务制度的烦琐僵化，政府给予产教融合型企业的税收和信贷扶持难以兑现；第四职业院校受制于办学经费有限，建立模拟企业真实生产环境的实习实训设施存在相当大的困难。由于政府部门利益诉求目标不达预期，导致各方对产教融合的持续推进都是心有余而力不足。

二是行业协会的利益诉求。行业协会是企业与职业院校对接联系的中间桥梁，其利益诉求是根据企业发展预测行业人才需求，组织论证与制定行业的人才标准，并将行业人才需求与职业院校人才培养进行对接，协调校企双方顺利开展合作。但是由于行业协会在实际运行中，缺乏法律赋予的权力和职责，也缺少行业协会运行必需的政策支持，导致行业协会对校企双方仅仅有指导作用而不具有约束他们的能力，从而使行业协会很难发挥设想的作用。

三是企业利益诉求。创造财富、追求利润是企业的根本利益诉求。实现企业利益诉求的根本依靠是优秀的人才，而人才特别是技能型的人才则来源于职业教育。企业的利益诉求决定了其参与校企合作的目的是满足自己的人才需求，实质是其追求利益诉求的一种手段，只有实现其利益诉求企业才有参与校企合作的动力。而实际情况却是企业利益诉求难以实现，具体表现有：一是产教融合法律制度不完善，存在一定合作风险；二是在实际合作中缺乏分担与补偿企业边际成本的扶持政策；三是职业资格准入导致人才输入机制难以可靠运行；四是企业认为职业院校为其提供人才服务的质量不高。企业希望通过深度产教融合校企合作，职业院校能够提供满足自己需求的高素质技能型人才，能够通过科研合作解决企业技术难题等，但因为职业技能人才培养与社会发展不同步，导致人才技能不能完全满足企业要求，企业参与产教融合的积极性不高，出现职业院校一头热的现象。

四是职业院校利益诉求。职业院校开展产教融合的最大困难是单独依靠教育管理部门和自身力量难以高质量地实现职业技能人才培养目标，提供社会服务与开展科学研究的功能更是无从谈起。因此，职业院校开展校企合作的首要利益诉求就是通过双方合作提高人才培养质量。其利益诉求的具体表现有：一是希望政府能够制定法律制度保障，加大财政投入，提高人才培养的硬件条件；二是在企业与社会中能够加强舆论引导，增强社会对职业教育的认可，营造有利于开展校企合作的社会氛围。

政府大力推进校企合作的本意是希望通过产教融合的开展，借助企业的力量解决财政投入不足的问题，从而实现设备改造和及时更新，改善专业实践条件，解决职业院校实践条件不足、专业实践教师能力欠缺等问题。但如前分析，因为职业教育培养的人才不能满足企业对高技能人才的需求，导致企业参与校企合作的积极性不足。而职业院校通过校企合作实现人才培养质量的提高是需要过程的，但这个人才培养过程是与企业对短期利益的需求相矛盾的，需要校企双方能够通过友好协商，满足各自的利益诉求。

3. 缺乏有效监督评估机制

目前职业教育已经建立了一定的校企合作监督机制，但其有效性还存在一些问题：一是具体的校企合作需接受政府直管部门的监督考核，但由于中央政府关于校企合作的法律文件还不完善，地方政府在实际监督中缺乏相关法律依据，难以对具体校企合作采取监督措施；二是行业组织具有对人才培养质量监督评估的要求，但由于行业组织缺乏法律制度支持的权威性，导致其在监督过程中力有不逮；三是校企合作还要接受各参与主体的评估，但参与各方的评价大部分依赖于采集数据，缺乏实地考察支撑，公允性与科学性方面难以令人信服；四是社会舆论的监督，社会舆论对校企合作具有一定的导向作用，但受职业教育社会认同度、公考政策限制等问题影响，导致社会舆论监督对校企合作质量的提升效果有限。

4. 校企合作制度还不够完善

校企合作的具体形式、实施措施、监督考核等已由教育部等六部门联合下发的《职业学校校企合作促进办法》进行了明确，但其仅是宏观上的指导，缺乏具体的配套法规支撑。一是“鼓励”有余而“权威性”不足，意味着管理制度的有效执行取决于各方的“自我选择”。二是原则性有余而操作性不足。如提出要对深度参与校企合作且有较大影响力的企业予以表彰和政策支持，但依据什么进行表彰却不得而知；依法将“企业因接收学生实习所实际发生的与取得收入有关的合理支出，以及企业发生的职工教育经费支出”在计算应纳税所得额时扣除，但并未指明依据何法来扣除；再如“县级以上地方人民政府对校企合作成效显著的企业，可以按规定给予相应的优惠政策”，但何为“成效显著”、由谁评定、如何评定、给予优惠的依据等均未明确；要求采取措施促进校企之间人才的合理流动、有效配置，但究竟是何种措施也未明确。

（二）职业教育校企合作政策执行力度不够

制定校企合作政策的目的就是要将对校企合作的期望通过政策的执行来变为现实，这是一个将价值理念变为行为实践的动态过程，唯一的检验标准就是看政策执行效果是否实现了预期目标。但在相关政策具体执行中，由于内外因素的综合影响，导致政策原设计功能的降低或消失，导致政策执行难以达到预期目标。

政策执行力度不达要求的主要表现有：一是象征性执行。在推进校企合作过程中，政策执行以宣传报道为主，缺乏实际有效的具体行动，比如职业准入制度一直流于形式，难以真正贯彻执行。二是附加式执行。即责任部门在执行校企合作政策过程中受到非政策因素的影响，比如工作开展依靠人际关系来推进，同岗不同酬现象的存在，打着“工学结合、校企合作”的幌子，实际却是安排学生从事流水线生产，廉价使用劳动力的违规行为。三是歪曲性执行，偷换概念，违背政策制定的初衷。比如在专业教师招聘时要求应聘人员具有企业经历，但实际招聘条件却成了高学历占比重更高，导致“双师型”队伍学历水平提升而专业实践水平却依然无法满足要求的怪相。四是机械式执行。即在政策执行过程中不对政策进行研究，而是拿来主义，进行断章取义、生搬硬套式的执行。比如“订单班”培养实际执行中成了廉价劳动力培养，顶岗实习成了企业用工荒难题的解决措施，这无疑是严重背离了校企合作的政策初衷，对职业教育社会形象造成了极大的负面影响。

（三）职业教育产教融合校企合作有效性的社会评价有待提高

为推进校企合作的开展，尽管搭建了合作平台，实施了多种合作模式，但在实际合作中还是存在合作效果不理想、管理机制不健全等问题。在对产教融合满意度的调查中，把教师队伍、实训设施、合作企业作为三个一级指标，职业院校毕业生对这三个指标的评价分值分别为 3.81、3.933、3.776，综合评价值为 3.831，这几个结果说明学生对产教融合基本满意，但对合作的企业满意度不高。在对职业评价的社会调查中，认为校企合作体制改革落实不到位的人员占比为 60.95%，认为政策执行督导不到位的人员占比 46.86%，而且超过一半的人认为职业院校校企合作重视程度不足，比如生均财政拨款与国家要求的 12000 元/人的标准存在较大差距。此外，在对产教融合的执行力度的调研结果显示，认为执行一般的占 30%，认为督导不力的占 21%，认为应该加强法律体系建设的占 62%，认为需要加强政策宣传的占 56%，认为政策督导到位的人员仅占 33%。

总而言之，在国家越来越重视职业教育产教融合的现阶段，校企合作具体执行过程中还普遍存在企业积极性不足、专业建设跟不上技术更新速度、政策执行流于表面等问题。

二、推进职业教育产教融合与校企合作深入发展的措施

（一）提高职业教育产教融合校企合作法律和制度的有效性

1. 提高职业教育产教融合校企合作法律的有效性

在推进校企合作过程中，我国要积极借鉴发达国家的产教融合经验，强制性执行校企合作法律法规，强化校企合作中企业的主体性、强调法律机制建设的动态适应性、重视创新校企合作立法等经验。国家层面的校企合作相关法律法规侧重于宏观指导，存在可操作性不足的问题，比如《教育法》《职业教育法》《教师法》等法律规定与《企业法》《税收管理条例》等相关法律配套衔接不足；《劳动法》《高等教育法》《就业促进法》等法律对职业教育产教融合缺乏系统性、完整性、全面性、体系性的规定意见；《教育法》《教师法》《职业教育法》对开展职业教育产教融合校企合作的规定合理性不足等问题。上述问题的存在严重阻碍了校企合作活动的有效开展。因此，教育主管部门要主动完善我国职业教育校企合作法律保障体系，为我国职业教育校企合作质量的提高提供完善的法律法规支持。

（1）校企合作法律体系要完善

校企合作法律体系的建设要依法突出职业教育的重要地位，明确在校企合作过程中政校行企四方的责权利，完善职业教育法律体系，明确职业教育发展建设的责任主体。并通过法律规定的形式，明确企业具有承担发展职业教育的责任，职业院校具有为企业提供人才服务的义务。同时通过法律明确职业就业准入制度，理顺管理责任，全面保障职业教育校企合作过程中各主体的利益诉求。

（2）法律内容要实用

制定的职业教育产教融合法律要能够落在实处，在对校企合作内容表述时要追求“务实”“详尽”“刚性”“量化”，全力避免“可以”“应当”“鼓励”等无法量化的表述性词语。

（3）法律体系框架设计要合理

构建职业教育校企合作的法律体系总体框架设计要合理，主要包括：总则部分，由立法的目的、适用的范围、工作的方针等组成；主体部分，包括合作的主体、协作的主体、实习的主体、管理的主体等；工作机制部分，则包括校企合作管理平台、职教联盟、职教集团等形式；运行机制部分，则包括教师下企业实践、企业兼职教师、实习制度、合作内容等；保障机制部分，则包含专项财政投入、政府优惠政策、就业

准入等内容；监督与评价部分，则包括表彰奖励、督导与核查、考察与评价等内容；法律责任部分，则包括各参与主体的违法违规行为及惩罚机制等内容；此外还包括法律救济制度的设立及相关的附则。

（4）规范各参与主体行为

厘清各实践主体在职业教育校企合作中的法律关系，规范各主体的行为规范，一是要明确政行校企四方相互之间的法律关系；二是要明确职业院校学生与实践企业之间的法律关系；三是要明确职业院校学生与职业院校之间的法律关系，通过明确各主体之间的关系与责任，规范合作各方的行为。

（5）相关法律之间要能相互衔接

要从细节上捋清校企合作相关法律之间的逻辑关系，搞清楚各法律的主管内容，并在法律规定基础上积极推动出台详细的实施细则，规范描述各主体单位的法律责任，突出主管法律之间的逻辑性以及法律的强制性、可行性等特征，增强相关校企合作法律之间逻辑关系的清晰性和严谨性。

2. 提高职业教育校企合作制度的有效性

《国务院关于印发国家职业教育改革实施方案的通知》中指出要“健全国家职业教育制度框架”。在中共中央、国务院联合印发的《中国教育现代化2035》文件中指出要“大力推进教育理念、体系、制度、内容、方法、治理现代化”“健全职业教育人才培养质量标准”“构建教育质量评估监测机制，建立更加科学公正的考试评价制度，建立全过程、全方位人才培养质量反馈监控体系”。中共中央办公厅、国务院办公厅印发的《加快推进教育现代化实施方案（2018—2022年）》指出“深化职业教育产教融合”“健全产教融合的办学体制机制”“建立健全职业教育制度标准”等内容，都要求加强职业教育制度标准建设工作。

首先，职业教育产教融合校企合作制度构成要完整。从校企合作各参与主体的利益诉求出发，要建立“谁投资及投资建设什么样的校企合作专业条件、技术和服务内容”的产教融合投资制度，谁投入产教融合活动深入开展经费支持的财政制度，产教融合评价主体是谁及如何评价合作效果的评价制度，合作成果谁应用及如何应用的成果应用制度，各利益相关者如何合作的校企合作模式制度。

其次，职业教育校企合作制度的层次设置要合理。在推进校企合作的实际行动中，需要建立管理关系层层递进的四级责任制度保障体系。由职业院校与企业领导共同组成校企合作决策层；由职业院校各二级责任部门负责人与企业相关合作人员组成校企合作具体事务执行机构层；由行业企业专家与职业教育专家组成校企合作专家指导委员会层；最后是设置校企合作第三方监督层。在四级合作制度建立过程中要保证合作制度的科学性、创新性、有效性。在“技术标准”上，要明确“投入与产出”标准、“过程与管理”标准、“效益与效率”标准；在“政治标准”上，要明确公平性标准、回应性标准；在“人”的标准上，要明确无论是从“人”是职业教育产教融合校企合作制度的逻辑起点，还是从过程以及结果来看“人的全面、个性化和可持续发展”，无疑都是职业教育产教融合校企合作制度最终目标和应有状态。

（二）创新职业教育校企合作模式的治理模式

建立有效的职业教育校企合作联动工作机制，是推进各利益相关主体积极参与校企合作与广泛合作的前提条件。只有共建共享利益平台，才能解决职业教育校企合作过程中长期存在的企业积极性不足、“两张皮”现象突出、校企合作层次较低等现实问题。

1. 创新职业教育产教融合校企合作工作平台

（1）构建校企合作利益共同体

利益共同体一般由职业院校、行业、企业、政府等校企合作参与方共同组成，是合作目标相同、相互依存、共担责任、共同出资、共享合作利益的第三方建设实体。职教集团是比较常见的一种有效的校企合作利益共同体形式，合作各方把自身拥有的部分技术、设施、场所、厂房、人员等资源投入集团，建成具有法人地位、捆绑各方利益的共享形式。在职教集团运行中，可以为各成员单位提供各种信息资源、优质职教资源、优质合作项目，实现人才培养、产品研发、招生就业多方内容对接的综合服务平台。

（2）构建产教合作联盟

政府是职业教育产教融合推进活动的主导者，承担着产教融合推进的制度制定、规划统筹、发展指导、政策激励、实践推动等责任。因此，政府部门在设计产教融合制度时，要使职业院校认识到自己是职业人才培养、职业技能创新的核心力量，企业要认知到自身是产教融合的主体力量，应主动对接职业院校实现产教深度融合。此外政府在推动产教融合的过程中，要定期发布产业技术发展指南，制定指导产教融合工作开展的系列规章制度，运用各种政策工具推动产教融合的开展，最终完成构建职业教育产教合作创新联盟。

在产教融合运行过程中，政府要发挥自身统筹与多方协调的职责，构建多方合作的协同育人主体，达到职业教育与实体产业协同育人的共赢融合。实体产业各方要明确自身与职业院校之间的相互关系，明晰自身担负的社会责任和企业发展责任，通过校企合作实践项目的落地、协同产品研发等路径，不断提高职业教育应对产业技术变革的育人能力。职业院校一定要深刻认识到产教融合不是简单的加法运算，而是一种基于多方共赢的系统性创新，从而实现人才培养方式、科研技术合作的根本性改革，从而推动职业教育高质量发展。

2. 创新职业教育产教融合工作机构的形式

职业教育产教融合校企合作涉及多部门协作，为便于校企合作的有效开展，各国均成立了专门管理机构具体负责职业教育产教融合工作的管理和服务，代表性的有美国合作教育协会、韩国产学合作科、德国产业合作委员会等。职业教育产教融合校企合作作为我国的一项长期战略，应由政府成立专门机构，负责营造良好的职业教育产教融合校企合作环境氛围，并制定利好政策，统筹推进各项工作，协调相关决策、咨询、管理和服务。

（三）建立职业教育产教融合校企合作主体要素协同联动机制

为统筹推进产业与职业教育融合发展格局，强化企业在产教融合中的主体作用，推进产教融合人才培养模式的深化改革，政行校企四方必须要建立协同联动机制来协调推进产教融合工作。

1. 建立互利共赢的需求动力机制

外部需求与内部需求共同组成了互利共赢机制的驱动力。市场需求、公众认同、舆论氛围、政策制度等产生外部需求的动力机制，与产教融合联系最为紧密、最为直接的利益相关者包括政府、行业、企业、职业院校等，它们的共同利益诉求产生了内部需求的动力机制。外部需求动力引领内部需求动力的产生，而内部需求动力又反作用于外部需求动力，这是二者之间的关系表现。在建立需求动力机制的过程中，政府部门要充分发挥自身在政策制定、资源调配、统筹规划等方面的主导作用，积极引导产教融合各相关主体参与到构建产教融合的过程中，并保障相关制度高效、有序运行。

企业推动产教融合的最大驱动力来自自身对职业技能人才的需求，因此要主动承担起产教融合的主体责任，发挥产业优势，主动提供培养符合企业人才所需求的实践条件。职业院校作为职业技能人才培养主体，要能够主动利用自身科研资源、智力资源等解决企业面临的技术难题、管理难题、销售难题等问题，提高企业在市场中的竞争力。

2. 建立保障经费投入的激励机制

职业教育产教融合工作的推进，需要持续不断的经费投入作为支持，只有建立保障经费投入的激励制度，才能保证相关工作的顺利开展。首先要建立以政府财政投入为主的经费保障制度。为支持职业教育产教融合工作的开展，政府要制定财政经费支持的政策。设立专项资金制度，形成财政投入系列文件，能够将经费投入和激励保障的相关规定落到实处。其次要建立鼓励社会多元投资的促进机制。国外职业教育的快速发展，普遍是依靠产教融合过程中社会多元投资来提高职业教育的实践条件。在职业教育领域，由于职业教育具有政府托底的优质属性，投资回报相对安全保值，这使职业教育成为社会资本关注的热点，也为社会闲置资本投入职教领域提供了可能，至少在一些实践设施设备的投资项目上具有一定的可能性。因此，从社会资本和职业院校双方的各自需求出发，寻找共同的利益追求，实现双方合作共赢的目标，就要对社会资本参与职业教育的投资瓶颈问题进行解决，把依靠企业和社会力量举办高质量职业教育的政策真正落到实处。

3. 建立税收优惠政策激励机制

为推进产教融合工作的开展，政府出台了相关的税收优惠政策，但存在税收减免条件设置不尽合理、税收优惠政策缺乏吸引力、税收减免办理手续复杂等一系列问题，针对这些问题，政府部门要真正建立鼓励产教融合的税收优惠政策机制，并保证政策具有可实施性。针对职业院校，可以制定免征增值税，减免企业所得税，个人所得税分期缴交等税收优惠政策。针对社会资本参与职业教育办学，要明确税收优惠政策，比如免征参与产教融合企业的企业所得税、印花税、增值税等，对社会资本为职业教育捐赠土地、房产等行为进行奖励，并写入相关制度。在具体实施条件的设定上，还要降低优惠政策适用的门槛，让参与产教融合的各主体认为政策真正“可行”，并且易于实现；同时还要通过政策制定的形式，扩大税收减免和政策优惠力度，让产教融合参与各方能够“心动”。

4. 建立企业成本分担补偿制度

为充分调动行业企业参与产教融合的积极性与主动性，主管部门要积极推动建立企业成本分担补偿制度。一是提供财政补贴支持。对企业在产教融合过程中产生的设备投入、设备耗损、技术人员误工等费用，由政府按比例提供一定财政补贴。二是政府购买相关服务。对企业为职业院校提供的实践服务，政府通过购买的形式增加企业对产教融合的兴趣，增加企业对产教融合的资金投入。但政府部门要制定科学合理的购买服务制度，并建立对购买服务效果的评价考核机制，在解决企业经济负担之忧的同时，保证产教融合的合作质量。

由于产教融合过程中的投入是一个长期过程，资金成本巨大，这就要求政府能够提供政策引导，建立长效的补偿机制。行业发挥自己协调各方合作的桥梁作用，降低企业负担。职业院校提供技术合作、智力共享等条件，降低企业运行成本。

（四）营造职业教育产教融合校企合作的社会氛围

社会氛围对社会公众具有较大的影响，决定着社会公众对职业教育产教融合工作的认同与支持与否，对职业教育的发展具有重要影响。我国传统的文化社会氛围，导致了社会大众对职业教育的轻视与排斥心理。同时由于基层技术人员相对企业高层的收入差距现象的存在，更是导致了社会公众对职业教育的认同感不足。

因此，要在全社会形成职业教育产教融合对人才培养有利的共识，并营造职业技能人才受到尊重的社会氛围。如可以在政府层面建立大国工匠评选制度，对工匠型人才进行广泛宣传，提高职业技能人才的社会地位和形象，提升职业教育的文化影响力与引领力；提高职业技能人才的收入水平，构建技能人才拥有幸福感的社会文化氛围，有效推动职业教育产教融合工作的开展。①

① 林子波．深化产教融合校企合作推动职业教育高质量发展［J］．发展研究，2020（12）：87-92.

第九章　现代学徒制模式下职业教育工匠精神的培育创新

第一节　现代学徒制模式下工匠精神培育的可行性

一、学徒制试点

学徒制是指在实践领域（生产实践和模拟实践）中“师傅”对“徒弟”以言传身教的形式进行授业传艺的过程，徒弟在师傅的指导下学习专业知识、技能等内容，实现自身素质的提高。为推动职业教育的发展，提高职业教育人才培养质量，近年来，我国积极开展现代学徒制试点。

二、现代学徒制

人才培养模式是指在一定教育理念的指导下，教育工作者普遍认同和遵循的关于人才培养活动的实践规范和教育过程，它更多关注的是人的成长过程。现代学徒制作为人才培养模式的一种，是在传统师带徒教学模式的基础上，结合现代职业教育理念，围绕“培养什么人才，怎么培养”，充分利用职业院校和行业企业的各自优势，将职业院校的技能人才培养与企业人才培养中的学徒培训进行结合，形成具有现代特点的职业技能人才培养的一种育人模式。

当前，我国正在大力开展现代学徒制试点工作，并已申报审批了三批试点院校，为我国制造业实现转型升级提供了坚实的人才基础。在产业技术水平发展速度越来越快的背景下，对人才职业技能和素养的要求不断提高，培养具有工匠精神的职业技能型人才，对我国制造业具有重要的意义。因此，通过现代学徒制培养具有工匠精神的优秀职业技能人才，对我国制造业的转型升级具有现实科学性和巨大的助力作用。

三、学徒制中工匠精神培育的历程和经验

工匠精神是随着古代学徒制的出现而出现的，并非现代工业化发展的产物。从历史上学徒制发展的历程来看，我国传统学徒制中工匠精神的培养经历了起始阶段、上升阶段、蓬勃发展阶段、衰微阶段四个过程。随着人们对产品质量的追求，现代工业制造业亟须工匠精神的回归，借鉴传统学徒制，将工匠精神融入现代职业人才培养，为通过现代学徒制培养具有现代工匠精神的职业技能人才提供了可行性依据和人才培养思路。

（一）工匠精神的发展脉络

工匠精神在古代学徒制中的培养大约开始于西周时代。在当时为了满足社会发展和社会分工的需要，封建王朝对手工业者实行强制性的技术培养，实施“工商食管”“技术官守”制度，“子承父学”“世卿世禄”的职官性工匠培养制度初步形成。士、农、工、商分行业发展，各专其业，“四民分业”格局的形成为行业习惯和规则的出现提供了现实基础，为行业不同技能高手之间切磋技艺、培养优秀的工匠传承人才，为跟师学技，养成学徒追求技艺的精益求精、精进技艺提供了浓厚的文化氛围。在之后的春秋战国时期，私学盛行，当时墨家学派提倡实用技能教育，进一步塑造了当时社会崇尚技艺的风气。

在工匠精神培养的开始阶段，尤其要注重匠心、匠德、匠术方面的传承教育。可从以下几方面开展：一是要注重严谨细致的匠心塑造。“舆人为车，乘车之轮六尺有六寸。六尺有六寸之轮，轵崇三尺有三寸也，加轸与轐焉，四尺也。人长八尺，登下以为节。”古人在制作马车的过程中，为方便乘车之人上下车，对车轮高度、车身广度、车前横木长度比例有明确的规定，并严格按此标准进行制作。古人从内心关注用户使用产品的体验，正是古人制作产品严谨细致的匠心表现。二是要注重培养学徒正己修身、宁静致远的匠德。扁鹊是我国古代有名的“神医”，他的医术高明，一方面源自自身勤奋、踏实钻研的个性品质，另一方面就是源自他尊师重道的匠人品德和敬业精神。若没有数十载的实践锻炼和勤奋钻研，一代“神医”也将不复存在。三是要注重崇尚技“巧”、追求精益求精的匠术培养。“治玉石者，既琢之而复磨之，治之已精，而益求其精也。”好的作品是匠人通过细致的技巧，耐心细致地打磨出来的，在制作过程中，一定要注重学徒匠人技术的培养。四是工匠精神的传承培养方法多样，特别注重心传体知、榜样示范。古代工匠技艺的传承，更多的是依靠师徒相授，口耳相传。在

技艺传承过程中，师傅通过精炼、通俗易懂的语言传授技艺技巧，并通过言传身授，培养徒弟耐心细致、专注踏实的匠人特质。更是通过“祖德流芳”文化氛围的塑造，让学徒们通过追忆祖先的丰功伟绩、道德风范的形式，为学徒们提供榜样示范，提升他们对匠艺的追求，坚定他们坚守技艺的匠人信念。

从秦汉到两晋南北朝时期，工匠精神的培养有了进一步的发展。为了满足皇室贵族对精美工艺品的享受需求、古代军队对军需品质量提高的需求以及当时生产力水平提高的现实情况，对当时制作的产品在精细化、高质量方面提出了更高的要求，由此进一步驱动了工匠精神的发展，使工匠人才的培养得到极大发展。第一，在当时的环境中，除了对匠人专注耐心的匠心要求，更加注重匠心中创造性思维的培养。享誉中外的汉代铜铸工艺品马踏飞燕，战马体态矫健，呈昂首长嘶、飞奔疾驰状，在作品设计中利用重心平衡原理，使作品栩栩如生，凸显了古时匠人优秀的专业技能以及创造性运用平衡原理的匠心思维。第二，建立标准化制作规格，力求产品制作的精益求精，塑造匠人技艺。在秦朝官办的手工业中，朝廷决定产品的技术要求，定额生产，强调工序的系列化及生产的标准作业，并以《工律》《均工》等手工业生产法规，使生产过程标准化，暗含制作工序中要求工匠严谨认真的工作态度和规范的职业操守。第三，崇尚技艺，培养专业精神。秦汉时期，注重匠人技能的培训，工师以强制性约束政策监督技工专业技能的学习。魏晋南北朝时期形成“分数定业”格局，要求不同行业的匠人专心从事各自的职业，精进技能，提高从业的专业性。第四，崇尚师“学”，形成“师徒共同体”，塑造协作的匠魂。在学徒制中，徒弟跟从师傅在劳作中学习，但能得到师傅真传的很少，唯有师傅“尽智竭道以教”和学徒的勤加精研，形成师徒学习共同体，发挥协作精神，学徒才能习得师傅的精湛技艺，领悟并形成自身的工匠精神。

隋唐至明清时期工匠精神的传承具有浓厚的制度化色彩。随着古时手工业的发展，学徒制、家传技艺、行会制度等的形成和逐步完善，工匠精神的培养处于鼎盛时期。尤其是严格的工匠管理和技能培训制度，为工匠精神的培养提供了制度支持。如唐朝的艺徒制培训法、宋朝的“法式”艺徒培训法、元朝对在籍工匠的培训以及明清工匠会馆制度等，为学徒制中技艺的传授和学徒工匠精神的培养给予了条件支持。

当时工匠精神传承培养的制度性表现主要有：第一，官方强制性要求“不得迁业”，注重“专注、精深、敬业”专业教育。手工业者须世代承袭，学徒在专一、稳定的工作氛围中感悟严谨细致、精益求精的匠人精神，促进匠艺的专业发展。第二，技术培训意识强，严格标准化生产，注重产品质量的精雕细琢。唐朝艺徒制培训法以“立样”和“程准”为学习内容，学生模仿“程准”制作，习得技术。宋朝“法式”艺徒培训法以“法式”为艺徒训练的基本教材，教授学徒的规定更为详细。第三，重视日常生活中学徒的道德教育。明清时期的工匠会馆制度，师傅带徒弟，对学徒的培养内容囊括了生活礼仪技能、专业技能和职业道德等多个方面。学徒出师需通过岗位考察技术能力，通过情境设计考察操守，学徒只有通过长时间的练习和积累才能掌握技能并出师。行会学徒制中，徒弟通过在工作中耳濡目染学习师傅的劳作习惯和严谨细致、专注耐心的工作态度，熏陶其勤奋、积极向上的匠人品质。

清末到第三次工业革命以来，封建社会走向衰落，内忧外患的国情使我国手工业走向衰落，工匠精神的传承逐渐走向没落。随着工业化机器生产的引入，手工生产逐步被机器代替，能工巧匠逐步边缘化。工匠精神传承主体的边缘化决定了工匠精神培养的弱化，工匠精神培养走向没落主要表现为：第一，追求精湛技艺的意识淡漠，专业教育淡化。工厂学徒制中的经理取代了师傅角色，分配和监督学徒工作，并不做任何指导，亲密无间的师徒关系不复存在，学徒制出现异化，专业知识和技能教育被边缘化。第二，匠心教育弱化，突出表现为师道精神的消失。以订立“合同”或“保条”等契约形式确立学徒关系，不规定师徒之间的权责关系，学徒制蜕变为劳动用工，师道精神消失殆尽。这一时期，单调划一的流水线生产贴合了资本家“短、平、快（投资少、周期短、见效快)”的要求。生产工人只是操作设备的工具，工人缺乏追求工作意义的动力，工匠精神培养已无存在的土壤。第三，追求生产效率的提高，产品制造缺乏创新精神。工厂主为节省资本投入，生产流程已由设备标准化，产业工人无须思考，只要按部就班从事枯燥的工作就可以。劣质的环境中学徒只付出体力劳动，对产品的创新不需思考，质量意识淡漠，不可避免地带来产品质量下降，产品的单一化。

（二）工匠精神培养的经验

1. 形成有利于工匠精神培养的社会环境

良好的社会环境氛围是工匠精神培养的重要条件。首先，社会环境对工匠精神的重视，为工匠精神培养的有效性提供了保障。西周时期“四民分业”的社会环境，保证了从业者的稳定，为工匠钻研技术、精进技艺、追求手工作品的精益求精提供了保障。秦汉时期，结束了战乱纷争的局面，社会稳定为工匠精神培养提供了稳定的社会环境。隋唐至明清时期，手工业快速发展，广泛注重官学发展，为工匠精神培养提供了坚实的政治支持。清末至第三次工业革命期间，封建社会走向衰落，工匠精神培养的社会环境不复存在。为追求经济高速发展，工业化生产逐步替代了人工生产，流水线工人逐步替代了能工巧匠，工匠精神培养的主体逐渐消失，工匠精神的培养也逐步走下历史舞台。其次，开放共生、兼容并蓄的社会风气有利于工匠精神的培养。工匠精神产生于相对稳定的奴隶制社会，当时对精湛技艺的追求和能工巧匠的尊崇，说明了社会对匠人技艺的高度认可。春秋战国时期文化发展，百家争鸣，兼容并蓄，社会风气相对宽松，为工匠精神的传承培养提供了社会条件。隋唐至明清时期，国家统一，社会稳定，出现了资本主义萌芽，政策开明，社会环境开放包容，客观上为学徒制中培养技艺精湛、专注细致的工匠人才提供了社会条件。

2. 建立和谐的师徒关系共同体

和谐师徒关系共同体是指在实践教学中注重教师和学生双主体的能动性，在技能传授中强调发挥师傅主导作用，激发徒弟学习主动性，提高学徒培养效果的一种关系共同体。和谐师徒关系共同体在工匠精神培养中的优势主要包括两个方面：首先，在实践教学过程中，以师傅的言传身教为主导，以学徒的知识学习为主体，通过情境教学激发学徒工匠精神培养的主体性，提高工匠精神传承教育的效果。在学徒学习过程中，徒弟观察、领会师傅在产品生产中难以用语言表达的工匠精神，师傅的精湛技艺在潜移默化中传承给了徒弟。这种言传身教的技艺传承是学徒制教育的主要方式，学徒技能的培养需要师傅在传承过程中发挥主导作用，并要学徒具有学习的主动性和积极性。“师傅领进门，修行在个人。”学徒在师傅的教导下，只有不断地增强自我学习的主动性，不断地追求技艺的精进，才能在实践的磨炼中培养自己的工匠精神和精湛技艺。其次，和谐师徒共同体的培养模式需要学徒全身心地投入学习过程。全身心地投入技能学习是提高工匠精神培养效果的重要条件。俗话说“一日为师终身为父”，因此在古代的学徒制关系中，师徒关系还表现为一定的父子依附关系，学徒拜师后，除了跟随师父学习精湛技艺，还要在师傅家中做一些家务活。在开始阶段，师傅一般只允许徒弟观察自己的工作过程，只是偶尔让徒弟参与到产品制作中，只有当学徒跟学到一定时间后师傅才会传授学徒一部分技艺。在学徒对技能的掌握达到一定程度后，师傅会在技能训练的过程中挑选具有天赋并且品行优秀的徒弟授以拿手绝活，作为自己的嫡系传人。这时学徒也将成长为能独当一面的技艺传承人，并且潜心治学，继续提高自己的技艺和职业理想，努力将师傅的技艺进行传承和发扬。

3. 发挥师傅的榜样作用，示范引领工匠精神的主动生成

在学徒制模式中，师徒朝夕相处，师傅的一言一行对学徒的成长起着潜移默化的影响。师傅在工作过程中的执着专注、刻苦钻研的精神，对产品质量精益求精的追求，将深刻影响学徒的职业认知及职业精神，在师傅的榜样示范作用下，学徒也将习得优秀的职业习惯和职业精神。因此，发挥师傅的榜样示范作用，将对学徒培养优秀技能，树立良好的职业精神产生积极作用，其主要表现有：第一，师傅率先垂范的作用，将

激发学徒的向师性，提高学徒对专业技艺的认可和热爱，并以师傅为榜样，养成严谨细致的工作态度。同时师傅拿手绝活的展示，也将激发学生挑战自己的信心，引导学生立志于成长为师傅那样的技艺大师，树立学徒积极向上的学习精神。第二，师傅通过自己的言行举止，影响学徒的品格修养，助力学徒养成良好的职业道德。古代更重视家族式教育，重视血缘亲情的引领式学习，在学徒制模式中，师傅类似于学生家长，可以对学徒进行严格管教。师傅在技艺传授中，以自己的严格要求，及自身品格的影响，使学徒形成严谨细致、精益求精的职业道德。第三，师傅对产品质量完美的追求涵养学徒追求精益求精的职业精神。师傅在制作产品时，对产品追求质量完美，反复打磨作品，将产品质量的精致性和职业追求的忘我性实现了完美统一，对学徒对匠人技艺及精神追求产生了深刻认识，帮助其逐步形成自己的匠人精神和对匠人精神的认识。

四、现代学徒制试点培养工匠精神的优越性

随着社会经济水平的提高，人们对产品的多样性和品质需求越来越高，但我国制造业产品创新能力不足、质量层次不高的现实困境，暴露了我国制造业转型升级面临的现实困难，即具有工匠精神的高端制造业人才严重缺失。从制造业大国向制造业强国转型的过程中，需要大量高质量技能人才的支撑，大力推广现代学徒制，培养具有工匠精神的职业技能人才，将有效解决高端制造业缺乏高素质技能人才的困境。

（一）营造工匠精神培养的良好氛围

现代学徒制试点中工匠精神的培养环境相较于传统学徒制培养模式已经有了巨大改变，其培养环境不仅包括职业院校内部培养环境，还包括外部的企业环境和社会环境。

内部培养环境主要是指职业院校的育人环境。职业院校是培养具有工匠精神的职业技能人才主阵地，其具有丰富的育人资源、师资力量及良好的校园文化氛围，这些条件为学生学习知识、锤炼技能、养成职业精神提供了比较纯粹的教育环境。这种相对稳定的教育环境，不仅有利于学生的专业教育和思政教育，还为学生工匠精神的培养提供了一个稳定的育人空间。

就外部培养环境来讲，第一，就是企业为人才培养提供了实践场所，通过实践锻炼巩固提高学生的专业技能。企业真实的生产环境可以满足学生对未来职业的好奇心和兴趣，有利于培养学生对职业和专业的认同感，让学生近距离感受爱岗敬业、严谨专注的职业精神，培养学生的匠心意识。第二，现代学徒制中工学交替的育人模式，和古代学徒制相比具有巨大优势，不仅让学生掌握了理论知识，还保证了学生通过职

业实践加深了对职业的认知和理解，让学生产生对工匠精神的认同，从而促进学生职业精神的形成。第三，国家在官方层面倡导弘扬和传承工匠精神，营造了工匠精神传承教育的良好文化氛围。

（二）工匠精神培养具有现代性特点

现代学徒制试点在工匠精神培养过程中与传统学徒制相比具有现代性特点，主要体现在培养主体、手段和内容的现代性上。

首先，从培养主体来看，现代学徒制具有学校和企业双元育人的特点。现代学徒制强调校企双方育人的“零”距离，不仅重视学生理论知识的学习，还注重学生职业技能的培养，同时还注重实践教学中学生体悟和感受工匠精神，是技能型人才培养的一种最佳模式。现代学徒制在人才培养中的双元育人特点，不仅是注重技能的传授，而且注重职业品德的培养。

其次，从培养手段来看，现代学徒制教学过程中，可以运用多媒体、虚拟现实技术、仿真实训等多种现代教育手段，增强学生对专业知识和技能的理解与掌握，并通过在多媒体教学中内嵌工匠精神模范榜样，实现工匠精神的传承教育。

最后，现代学徒制育人过程中，一般会将教学内容进行模块化设计，采用任务驱动型教学模式。相较于传统学徒制技艺传承过程的长期性，现代学徒制模块化教学不仅育人周期短而且育人效果好。因为任务驱动型教学更注重学生技能的掌握，以及对知识点的感悟和创新。

第二节　现代学徒制模式下工匠精神培育的影响因素

职业院校是培养职业技能型人才的主阵地，培养合格的职业技能型人才，就要在人才培养过程中融入工匠精神的传承教育。现代学徒制是对中国特色职业教育育人改革的重要探索，研究工匠精神培育的影响因素，是在职业教育人才培养中优化人才培养过程的关键步骤。

一、学生因素在工匠精神培育中的影响

学生的培养是生成和发展工匠精神的内在驱动力。学生个人对职业精神的追求和对企业文化的认同，对自身工匠精神的形成具有重要的影响，而读书交往和其自主发生的其他时间活动对工匠精神的培育处于从属地位。此外，学生是否担任学生干部对

学生职业责任的养成具有一定影响，而性别、政治面貌等与工匠精神的养成关系不大。

学生在职业学习过程中，个人职业精神诉求、个人特质（职业精神的追求、企业文化热爱、坚定职业理想）及自我实践活动的开展，都对工匠精神培育具有一定的影响。其中个人职业精神追求、对企业文化是否认同，是学生因素在工匠精神培育中的重要影响因素。

二、学校因素在工匠精神培育中的影响

职业院校是培养职业技能人才的育人主体，对工匠精神的培育具有一定影响。职业院校开设的相关专业课程、聘任的专职教师及辅导员班主任是学生工匠精神培育中的重要影响因素。而校园宣传、社团活动、管理制度等只对学生的工匠精神培育产生一定的影响。

在影响工匠精神培育的诸多学校因素中，专业课程在培养学生的工匠精神过程中影响尤其重要，而专业讲座和实践课程对培养学生的工匠精神也具有重要地位。单独从教师因素来研究的话，专职技能教师对学生工匠精神的养成影响作用更大。

三、企业因素在工匠精神培育中的影响

企业是现代学徒制试点中校企合作的重要主体，在职业技能型人才的培养中起着重要作用。企业指定的兼职工人师傅、技术能手的榜样作用、企业管理制度等对培养学生的工匠精神具有重要影响作用，相对来讲，企业文化、岗位因素、专业因素对实习学生工匠精神的养成只有一定程度的影响作用。

在工人师傅教育和榜样示范作用方面，师傅的率先垂范、技术能手的工作表率对学生工匠精神的养成非常重要，而企业文化宣传、职业岗位的专业性要求等处于从属作用地位。

四、社会因素在工匠精神培育中的影响

影响工匠精神培育的社会因素主要包括国家政策扶持、尊重技能人才的社会氛围、社会对职业教育的认可、社会对职业人才的宣传等。

社会对职业教育的宣传能增加社会人群对职业教育的了解，增强学生对工匠精神的认知，但尊重技能人才的社会氛围、认可职业教育和国家的政策扶持对培养学生的工匠精神具有更加重要而直接的影响。国家政策扶持可以为工匠精神的培育提供重要的财力保障，社会人群对职业教育的认可，将可以构建尊重技能人才的良好社会氛围，为培养技能人才的工匠精神提供良好的社会背景。

五、家庭因素在工匠精神培育中的影响

虽然社会群体认可职业教育的社会氛围、企业和职业院校的双主体育人是现代学徒制中培养工匠精神的核心因素，但技能人才的培养更离不开学生家庭的大力支持，尤其是家庭教育理念的因素对培养学生的工匠精神具有相当重要的影响。

综上所述，学生的个人因素、职业院校中课程设置因素、企业中工人师傅的示范因素、社会群体对职业教育的认可因素、家庭教育理念因素等对技能人才工匠精神的培育具有重要影响。因此，现代学徒制试点中要积极发挥各影响因素的积极作用，助力职业技能人才工匠精神的培育。现代学徒制试点院校不仅要加强专兼职教师的师资力量建设，同时要注重课程体系建设，注重实习实践对学生工匠精神培育的影响，特别是要多推动理实一体化等教育教学新模式的推广应用。参与现代学徒制人才试点的校企合作企业，不仅要注重专业岗位的技能育人，同时要积极发挥工人师傅和技术能手的榜样示范作用，推动企业文化及职业岗位对学生的吸引力，提升学生对职业精神的认知。此外，教育主管部门还要加强顶层设计，增加社会群体对职业教育的认可，发挥大国工匠榜样对社会氛围的引领，激发学生的职业自信，为学生职业素养的形成和工匠精神的培育提供内在驱动力。同时，家庭作为职业技能人才从事专业技术工作的背后支持力量，家庭对职业教育的认可将成为助推工匠精神培育的重要力量。①

第三节　现代学徒制模式下工匠精神培育对策的优化

一、完善现代学徒制试点中的工匠精神培养内容体系

（一）提高工匠精神培养的重要性认识，准确定位培养目标

在现代学徒制试点工作开展中，要想实现预定的育人目标，就需要在职业教育中加强对工匠精神培养重要性的认知，准确定位人才培养目标，构建完善的人才培养体系。在人才培养体系中，考核评价机制的建立对职业教育发展具有重要的导向作用，以考核评价来提高校企双方对工匠精神培养重要性的认知具有重要意义。

一是积极发挥政策的导向作用。政府在政策制定中，应注重对尊重职业教育和技

① 廖潇娜．基于现代学徒制的工匠精神培育研究［D］．秦皇岛：河北科技师范学院，2019.

能劳动社会氛围的引导。通过国家政策规定的形式，将工匠精神培养作为现代学徒制人才培养效果评价机制的一部分，提高各试点院校对工匠精神培养的重视程度，对工匠精神培养工作更深层次的认知，明确人才培养的目标。

二是要根据职业岗位所需的知识和技能特点，制定工匠精神培养的具体目标。职业技能人才接受教育形成对知识、技能、情感、态度等要素的认知，这些要素存在于职业活动的不同过程，这就需要对不同职业所需的知识、技能、情感、态度等进行准确的描述。工匠精神培养目标的制定，需要根据国家职业分类及技术等级标准的要求，对每一项职业要素进行准确定位，制定符合职业岗位所需的培养目标。要想真正实现工匠精神培养的目标，可以从以下几方面着手：首先，对工匠精神培养加强宣传。通过会议论坛、校园电子宣传屏、微信公众号、专题讲座等形式大力宣传工匠精神的培养重要性，明确职业教育需要工匠精神。其次，开设工匠精神专题讲座，增强人们对工匠精神的认识，并开设专门课程培养学生的工匠意识。最后，深入开展以工匠精神培养为主题的课程思政活动，将工匠精神培养渗透入课堂教学。通过企业化、情境化教学方式，提高学生对工匠精神的认知，进而实现工匠精神的培养目标。

三是将工匠精神培养的具体目标落实到学生的企业实践中。在企业真实生产环境下的专业实践中，充分发挥师傅率先垂范的榜样作用，使学生潜移默化地接受匠德、匠志、匠魂教育。在企业真实的工作环境中，通过职业实践、与工匠群体的交流，增加对职业认知，提高自身的职业技能水平，形成自己对工匠精神的认识，自觉养成严谨细致、精益求精的职业追求，完成自己职业素质的全面协调发展。

（二）充实工匠教育，丰富工匠精神内容

工匠精神的培养离不开政行校企等主体的参与。丰富工匠精神培养的内容，一是政府要根据时代发展做好顶层设计，明确工匠精神培养的目标。此外，工匠精神的培养离不开财政的支持，因此政府要加大对试点院校的财政投入，为现代学徒制试点院校中工匠精神的培养提供财政保障。二是企业要按照国家对工匠精神培养的规定要求，根据企业岗位需求明确校企合作中工匠精神培养的具体内容，为杰出工匠的培养提供支持。三是职业院校要以人才培养为根本目标，结合企业岗位需求和职业技能人才的思想特点构建工匠精神培养的教学内容。

现代学徒制试点院校在人才培养过程中的侧重点与企业所需技能人才的岗位需求之间存在一定的冲突，能否构建合理的工匠精神人才培养体系，对工匠精神人才培养效果有着直接影响。精神培养的核心内容是养成优秀的道德品质和精神品质，指向人的心理、道德、精神信念层面。工匠精神培养强调职业精神的培养，同样包括心理、

道德、精神信念三个层面。工匠精神的培养，从工匠的视角出发，主要包括严谨细致、尊师重道、专业专注、爱岗敬业的匠心；德艺兼修、正己修身、臻于至善的匠德；追求产品质量完美、工艺不断改良的匠术；恪守规范、精益求精、追求极致的匠志；协同管理、协同生产、切磋琢磨、一丝不苟的匠魂；工匠精神人才培养体系的建构，与职业岗位所需人才技能不同，培养的侧重点具有一定的针对性和差异性。

简单来讲，工匠精神人才培养体系的构建，不仅要注重工匠视角下人才培养的内容，还要根据职业人才自身的特点，关注学生所注重的工匠精神培养内容，同时还要包含教师关注的工匠精神内容，也就是要找出工匠、学生、专业教师三方对工匠精神培养内容的结合点，构建符合实际需求情况的工匠精神人才培养方案。从现代学徒制试点中工匠精神培养的实际情况出发，校企合作联合培养职业技能人才时，除了注重学生实践操作能力的匠术培养，还要注意学生匠心、匠魂、匠德的培养，尤其是匠心和匠德的培养。在企业情境化的职业岗位实习中，侧重学生对职业素养和职业素质的领悟，引导学生自我工匠意识的树立，实现具有工匠精神的职业技能人才培养目标。

（三）家校政企多主体协同评价工匠精神培养效果

工匠精神培养效果的评价，需要家校政企等人才培养各参与方共同进行。首先，政府要将工匠精神培养效果纳入现代学徒制试点院校人才培养质量的验收指标中，通过政策的导向作用提高职业院校重视工匠精神的培养。其次，职业院校评价工匠精神培养效果，不能仅仅关注理论考试和对学生精神状态的主观对比，而是要根据工匠精神培养内容，制定包含匠心、匠德、匠术和匠魂的具体评价标准。人才的培养教育不仅仅是依赖于单一的知识传授和技能培训，还包括思想、思维、道德、情感等教育。因此在对技能人才评价时，不仅要注重学生精神层面的评价，还要对学生的能力和技能进行考核。最后，企业对工匠精神培养效果的评价，主要是在技能人才工作过程和产品质量的考核上，重点关注工作过程是否规范标准、工作步骤是否合乎工艺流程、产品合格率是否优秀等。

在工匠人才培养效果的评价中，不仅要注重匠术的评价，还要注重学生专业专注的匠心、团结协作的匠魂、追求完美的匠志、追求至真至善的匠德的评价。这些优秀的工匠精神一般通过工作过程体现出来，因此建立学生成长记录卡，记录学生精神培养的外显和内在表现，是开展工匠精神培养效果评价的重要方式。

此外，积极引导家庭参与学生工匠精神培养效果的评价，家校联合助力学生成长。父母树立职业教育发展的理念，重点关注学生未来的发展，而不是沉浸于学生过去的失败和安于现状，而是要积极配合职业院校，注重挖掘学生潜能，给予学生未来的成长支撑。

二、完善工匠精神培养的管理制度

（一）政府主动完善工匠精神培养的外部制度建设

随着制造强国战略的深入实施，我国对职业教育的重视程度越来越高，并且出台了一系列支持职业教育发展的政策规定，鼓励社会各界支持职业技能人才的培养，但对鼓励工匠精神培养的相关政策制定却还不完善，即工匠精神培养还处于初级规划阶段。政策制度的缺失往往会在一定程度上导致工匠精神的培养处于无章可循的状态。比如在德国双元制人才培养模式中，企业起到人才培养的核心作用，德国政府为了鼓励企业参与人才培养，在政策上给予了校企合作企业方足够的财力支持和法律保障。在政策鼓励下，校企双方密切合作培养具有工匠精神的职业技能人才自然具有非常高的积极性和主动性。日本政府制定的“产学官”制度，保证了社会、企业、职业院校的顺畅沟通，为高素质技能型人才的培养提供了坚实的制度保障。

一般来讲，从一个国家职业教育法律政策体系的完善与否就可以基本判断一个国家职业教育发展的程度，也就是说完善的制度体系对工匠精神的培养具有重要作用。首先，国家通过制定和完善工匠人才培养制度体系，提高工匠在社会中的地位，营造尊重劳动、尊重工匠的社会氛围，满足工匠人才对社会尊重的心理需求，使其获得被尊重的成就感，实现自我价值的获得感。因此，完善工匠精神培养的法律制度体系，将为工匠精神的培养提供制度导向。其次，在国家相关法律制度的引导下，职业院校和企业可以根据自身专业特点和技术优势，制定工匠精神培养的具体制度，做到工匠精神的培养工作有法可依，并为人才培养效果的评价考核提供理论依据，以便于工匠精神培养效果评价制度的逐步完善。随着现代学徒制试点的推开，工学交替、工学结合等新型人才培养模式的出现，正是国家完善工匠精神培养制度的良好契机。

（二）健全工匠精神培养的约束和激励制度

由前面企业因素对工匠精神培养的影响可知，企业针对工匠精神培养制定的激励和约束政策对人才培养效果有重要作用。作为现代学徒制人才培养试点的两个主体，无论是在学徒阶段还是学生阶段，校企双方都要根据学生在不同阶段的发展特点制定针对工匠精神培养的具体规定和激励制度。为有效促进学生群体工匠精神的形成，激发学生对职业技能的钻研精神及对职业的认同和坚持，企业在制定奖励制度时，要考虑精神荣誉的可达性，同时根据学生特点附加物质奖励，真正起到激励作用。同时，企业对工匠师傅所起到的榜样作用和工匠表率作用进行表彰和奖励，将对学徒工匠精神的形成和构建起到强烈的激发作用。职业院校在学生学习阶段要注重校园文化制度建设，加强对工匠精神的宣传，营造良好的校园文化氛围。通过校园文化活动的开展，加强学生对工匠精神的认知培养，并以严格的校纪校规规范学生的在校行为及学习行为，将学生对工匠精神的认同由被动接受转向自觉遵守，塑造学生自觉践行工匠精神的主动性。同时，在校园文化活动中，开展工匠精神大讲堂，大力激发学生学习工匠精神的积极性和主动性。

三、“以双导师、双班主任”为核心，校企共育工匠精神

（一）校企互通，共育学生工匠精神

在对现代学徒制相关试点院校的调研发现，学生对“双导师制”“双班主任制”知之甚少，说明在校企双主体育人过程中，校企共育工匠精神的育人制度实施力度不够，对学生学习过程的影响不大。针对这一问题，校企双方导师和班主任，要根据职业院校学生的发展特点，共同探讨制定提高学生技能和职业素养的培养方案，充分发挥院校教师理论指导和企业师傅实践指导的各自优势。能够让学生在学习中深化对理论知识的理解，在实践工作中熟练领悟理论知识，达到理论和实践活动的统一，从而真正领悟工匠精神的内涵，提高自身职业精神的发展。

双班主任是指职业院校行政班级中不仅配备有院校班主任还配有企业班主任，学生在校学习接受院校班主任的管理，在企业时接受院校和企业班主任的共同管理。校企班主任在学徒阶段要加强沟通交流，共同关注学生的职业发展，营造轻松愉悦的实践学习氛围，让学生直观感受到教师的关注和期望，形成学生追求自身成长的积极主动心理，加深对自身职业专业的热爱和认同。校企双方班主任平时要多多沟通，积极促成企业工匠进校园，让企业大师走入校园走进学生群体，让学生切实感受到企业能工巧匠的模范吸引力，主动模仿工匠偶像的行为，主动形成自身的工匠精神，从而积极有效地调动学生学习工匠精神培养工匠精神的主动性。同时，校企双方班主任还要注重和家长联系，注重家庭因素对学生工匠精神培养的影响，树立家长群体对职业教育的信心，形成职业教育也是人才教育的理念，从而助力学生工匠精神的形成和发展。家、校、企三方紧密沟通，有利于保证对学生评价的有效性和准确性，更注重学生的过程性评价，有利于学生工匠精神的形成和发展。

（二）努力促进学校教师企业化，企业师傅教师化

从工匠精神培养的影响因素和培养途径来讲，院校专职教师和企业师傅联合进行

工匠型人才培养，不仅体现了职业院校教育的专业性，同时也凸显了企业师傅的技能性实践性。从现实来看，院校教师和企业工人师傅对工匠精神的认知水平存在差异，为加强院校教师对工匠精神的认知，应加强院校教师的实践培训，使院校教师适应社会科技水平的发展，熟悉企业管理文化，而不是停留在照本宣科的书本式教学上。通过对院校教师的企业实践培训，可以促进院校教师对专业实践深入的理解，感受工匠精神的内涵，提升教师的专业实践能力，提高教师的工匠精神素养，增加院校教师的职业成就感。此外，加强院校教师的专业实践培训，增强院校专兼职教师的培训和融合，可以为职业教育师资力量注入新鲜血液，减少老教师的职业倦怠。

为发挥企业工匠师傅和技术能手的榜样示范作用，需要对企业工人师傅开展教育教学能力培训，以提高工人师傅的传授能力，便于企业师傅向学徒讲解专业知识和技能技巧，有利于师徒在交流的过程中提升学徒专业技能，提高职业素养，形成自身的工匠精神。

（三）构建和谐师生共同体，促进学生工匠精神的传承和弘扬

他人教育和自我教育是工匠精神培养的两个重要途径，也是建构和完善人的精神世界的主要教育途径和方法。学生职业精神的形成是在师生和谐互动的教学实践活动中逐渐培养的，因此，构建和谐师生共同体是促进学生工匠精神传承和弘扬的重要手段。和谐师生共同体是指在专业教学实践活动中，充分发挥专业教师的主导作用，发挥学生的主体能动性，实现师生专业技能和职业精神的共鸣，教师和学生共同致力于专业技能培养和职业精神的发展。共同体中的师生，不仅包括院校教师和学生，还包括企业工人师傅和学徒。在和谐师生共同体中，院校教师、企业师傅要能运用项目式教学、任务驱动式教学、角色呼唤、虚拟现实、仿真运行等多种现代教学方式方法提高学生的学习兴趣，激发学生对专业技能的钻研精神；同时还要能够主动与学生（学徒）沟通交流，了解学生的思想动态，促进学生专业意识的发展。在共同体中，学生（学徒）要能够积极主动和教师（师傅）保持联系，用心感悟教师（师傅）在实践教学过程中内含的工匠精神，努力学习体会工匠精神的内涵，提高自身技能的同时形成自己的工匠精神；同时在实践学习过程中还要积极反思，提高自身实践技能和工匠意识的形成，激发自己对工匠精神的追求。①

---

① 刘畅．现代学徒制下高职学生工匠精神的培育途径研究［J］．高等职业教育探索，2020，19（06）：42-47.

第十章　岗位导向模式下职业教育工匠精神的培养创新

第一节　树立岗位导向的工匠精神培养理念

理念是一个宏观的概念，对于实践教学具有引领指导的意义，因此，先进理念必然引领教育改革的进行。而树立以岗位导向为引领的工匠精神培养理念，对于职业院校学生的工匠精神培育效果有着重要影响。

一、以大国工匠为最高目标引领职业院校学生的精神发展

随着工匠精神培养理念的提出，职业院校必然要对职业教育人才培养方案做出改变，必须重新思考职业教育“培养什么样的人”这一基本教育问题。在中国制造业转型升级的关键时代背景下，工匠精神的培养强势回归职业教育，不仅将促进职业教育人才培养理念的改革，引领职业教育的发展方向，最重要的是将提高职业教育人才培养的质量。

基于岗位导向的职业院校工匠精神人才培养，其价值目标是培养承担制造业崛起的大国工匠，培养的工匠人才将承担起大国制造业崛起的时代重任，即未来基于岗位导向培养的职业技能人才不仅仅实现自我的发展，更重要的是承担起国家制造业由大向强转变的重任，突破了职业教育人才培养的狭隘发展思维，为职业技能人才树立了崇高职业理想和人生追求。

基于岗位导向的职业院校工匠型人才培养，不仅注重学生职业技能的培养，更注重培养学生的自主学习能力；不仅注重职业人才职业品质的培养，更注重培养学生技能学习的积极主动性；不仅关注学生道德伦理的认知教育，更关注学生主观能动性的

培养。以承担历史责任的大国工匠作为基于岗位导向的职业技能人才培养目标，将引导学生职业技能和职业素养的发展方向，为职业院校学生从学生身份向职业人身份转变，为学生职业生涯目标的规划提供明晰的方向指引。

基于岗位导向的职业院校工匠人才培养，要满足国家和行业对职业技能人才的需要，就要积极研究相应职业岗位对人才素质的要求。将基于岗位导向的职业技能型人才培养目标定位为培养符合产业需要的大国工匠型人才，具有鲜明的时代特色，职业院校人才培养理念有效对接国家产业转型升级对职业技能型人才的需求，具有现实的指导意义。

二、以岗位能力培养为核心引领职业院校学生素质的全面发展

制定基于岗位导向的职业技能型工匠人才培养目标来自现实的岗位人才需求。工匠精神不仅包括职业技能的培养，同时还包括意识层面的精神养成，而精神的养成具有一定的隐蔽性，只能通过精神主体的工作实践才能体现出来。因此，工匠精神中意识层面的精神养成与专业技能的实践训练是紧密相关的。基于岗位导向的职业技能人才工匠精神培养以岗位能力为人才培养核心，并以其作为主线贯穿工匠精神培养的全过程，将“匠心”“匠德”与“匠术”的培养融入其中，让岗位能力成为学生专业发展的基石，从而实现学生职业素质的全面发展。

但要注意的一点是，以岗位能力为人才培养核心并不是对“以技为主”传统职业人才培养理念的简单传承，而是对传统理念的有力纠正，因为岗位能力并不仅仅包含以操作为主的技术能力。在职业教育发展的历史长河中，“职业性”“教育性”是其特有的本质属性，但由于职业人才培养过分注重人才技能的培养，而对学生精神层面的培养重视不足，导致职业教育的“教育性”属性始终处于“职业性”的从属地位，使我国职业技能人才的发展始终面临精神层面的瓶颈。基于岗位导向的职业技能人才工匠精神培养，强调以岗位能力为核心来实现学生职业素质的全面培养，这体现出新时代职业教育对自身“教育性”属性的重新认识与重视，也为职业教育“怎样培养具有工匠精神的人”这一基本问题指明了发展方向。

三、强化层级意识，促进职业院校学生有序发展

基于岗位导向的职业技能人才工匠精神培养目标的制定，明晰了工匠精神的层级标准，为职业院校精准把握工匠精神的内涵提供了有利条件。以岗位需求为人才培养的导向，不仅体现了职业岗位与工匠精神之间的联系，同时也体现了职业岗位等级与工匠精神发展之间的关联性，这为我们精准把握岗位导向的工匠精神发展层次提供了

依据。

任何教育的成功都必须要遵守教育的发展规律。因此，在职业院校学生工匠精神培养的过程中，不仅要遵守教育教学的规律和学生的成长规律，还要重视岗位导向的工匠精神的层级规律。只有严格遵守教育的发展规律，在合适的阶段开展工匠精神不同内涵要素的培养，才能循序渐进地养成学生的工匠精神，最终培养出适应职业岗位人才需求的工匠型职业技能人才。工匠精神层级标准的提出，对职业院校学生工匠精神的培养提出了更高要求，对职业院校管理层来讲，他们需要拥有更开阔的教育视野和对教育发展的前瞻性判断，才能有效推进职业教育改革的进行。由于职业院校对工匠精神的认知偏差及工匠精神层次标准的把握不到位，工匠精神的培养长期以来流于表面形式，人才培养效果难尽人意。职业院校必须转变人才培养理念并将其落到实处，才能实现工匠型人才培养的根本改变。只有职业院校拥有正确的工匠精神层级意识，精准把握职业岗位精神发展的层次，才能有效促进职业院校学生培养的效果提升。

第二节　设置适合岗位需求的工匠精神培育课程体系

基于岗位导向的工匠精神培养课程设置要充分考虑“匠术”“匠心”和“匠德”三大方面，并能够有效地将其融入课程体系。

一、建构以岗位技能为中心的课程体系

基于岗位导向的职业院校工匠精神培养课程体系建构的重心在于实现对职业人才岗位技能的培养，通过“匠术”串联课程体系各课程，并能够实现“匠心”和“匠德”在课程体系中的渗透和融合，实现学生职业技能和职业品质、职业道德的和谐发展，最终实现学生对工匠精神的完整把握和理解。岗位技能的培养主要包括三个阶段：

第一个阶段主要是实现职业院校学生对基础理论知识的掌握，并进行专业基础实践教学，让学生初步具有某一专业的基础理论知识和专业技能；第二个阶段主要是通过开展岗位实训教学，让学生能够掌握职业岗位的核心技能。职业院校要分析研究不同职业岗位所需的核心职业能力，构建匹配职业岗位能力的课程模块，让学生能够根据自己未来的职业规划进行课程选择，有目的性地培养自身相关岗位的职业技能，提高就业竞争力；第三个阶段是顶岗实习阶段。在顶岗实习岗位的选择上，要保证学生实现岗位与自己掌握岗位核心技能的匹配性，实现学生职业技能的进一步提高。在职业院校学生培养岗位技能的同时，还要重视学生综合素质的提升，因此职业院校还要

通过基础课程和素质拓展课程等课程设置来加强职业院校学生综合素质的培养。

二、优化专业课程设置

在职业技能人才培养过程中，基于岗位导向的人才培养课程设置要紧密结合职业岗位对人才技能的需求，坚持岗位技能导向原则，并结合院校自身专业发展状况，科学规划课程体系，构建符合岗位人才培养需求的课程体系。

公共基础课程主要讲授的是基础知识和思政德育内容，课程体系在设置德育课程时要能够将道德教育与岗位工作中所需要的职业道德表现相衔接，使德育工作具有针对性，并且要注意该模块课时设置的充足性。职业道德教育是职业人才精神培养的基础，要贯穿于职业技能人才培养的全过程。专业课程模块的设置要根据企业技术水平的发展，职业岗位对技能人才的要求来设置，能够适时增减课程，做到专业教学与岗位需求的真正对接，使培养的技能人才真正满足企业对人才的需求。素质拓展模块要根据社会发展来设置选修课程，根据职业岗位对人才综合素质的要求，延伸专业教学的内涵，提供丰富的素质拓展选修课程，满足职业院校学生对拓展课程内容需求的多元化。

此外，在课程体系架构设计中，要注意专业课程体系中工匠精神的融入，同时要注意工匠精神应贯穿于职业院校学生学习的全过程，让工匠精神持续不断地影响学生的精神发展。在工匠精神融入课程体系的过程中，要充分把握具有本专业特点的工匠精神内涵，将工匠精神培养目标具体化、明确化。以岗位导向为核心设置的具有工匠精神培养特色的职业院校课程体系，在注重职业院校学生掌握专业技能的同时，将“匠心”“匠德”等工匠精神培养元素润物无声地融入教学过程，体现出职业教育在岗位导向人才培养过程中对人才综合素质的有效培养，具有鲜明的职教特色。

三、拓宽专业课程的开发途径

基于岗位导向的职业院校人才培养课程具有注重专业性、丰富性和实效性的特点。职业院校工匠精神传承培养的主体包含了企业、学校和政府等多个参与主体，为提高工匠精神培养的效果，需对当前课程开发以院校教师为主的现状进行改革，在课程开发过程中，要引入企业技术人员参与，同时结合多媒体技术，使课程开发多元化，内容丰富多彩化，不断提高职业教育课程内容的专业化、多样化和标准化水平。

首先，企业是职业院校与职业岗位之间的中间桥梁，在人才培养中起着重要作用，要确保专业课程的专业化和实效化就离不开企业的参与，因此我们要在课程开发过程中积极对接企业岗位技术人员，创新校企合作开发的模式。在课程开发中，要以职业岗位技能需求为出发点，充分利用相关企业的实践设备和人才优势，完善实践课程的开发，另外在课程开发过程中，要积极利用虚拟现实等技术，提高实践教学岗位导向的科学性和实效性。

其次，在课程开发过程中要积极利用现有互联网技术，积极建设职业教育精品在线课程，构建专业教学资源库，丰富岗位导向的课程资源建设。依托职业教育慕课平台，建设岗位需求为核心的工匠精神培养网络课程，在课程中整合专业知识点、大国工匠宣传片等多元课程资源，建设精品课程，借助慕课平台，拓宽学生学习的途径、师生交流的渠道，实现工匠培养资源的共享。

最后，专业教师作为专业课程建设的主导力量，要积极调研市场学情，加深对职业岗位、行业企业对人才要求的认识，加深专业课程建设内容对岗位人才技能要求的把握，提高课程体系建设的成效与质量。①

第三节　革新岗位导向的工匠精神教学方式

基于岗位导向的职业教育工匠精神人才培养强调教学活动的实践导向，在教学过程中注重实践教学，因此在教学方式的选择上要注重创新性应用。

一、实施以职业岗位任务驱动的教学方法

《教育部关于深化职业教育教学改革全面提高人才培养质量的若干意见》（教职成〔2015〕6号）要求职业院校要积极推广项目式教学、案例式教学、任务驱动式教学、情境式教学等方法，改革创新探究式和参与式教学，激发职业院校学生主动参与职业学习的积极性。同时要求职业教育要以实践性教学为主，职业学习过程中实践课时原则上要占到课程体系总课时数的一半以上。

因此，基于岗位导向的工匠人才培养应积极改革传统教学方法，在人才培养过程中以学生为中心，充分调动学生学习的主动性和积极性。改革创新教学方法，强调职业岗位导向，课程内容设计以职业岗位内容为主线，教学过程中注重实践，融合项目式教学、任务式教学、探究式教学等多种教学方法的优势，实现“做中学、学中做”的教学效果，提高工匠精神培养的效果。

此外，信息化技术发展迅速，越来越多的数字化教学资源满足了教学方法的多样

---

① 李杰，张鹏超．构建职业院校全方位的工匠精神培育体系［J］．职教发展研究，2020（04）：96-100.

性需求。在教学过程中职业院校教师要充分利用数字化教学资源中的动画、视频等素材，增加专业教学的趣味性和吸引力，体现信息时代专业教学的趣味性和开发性。在教学组织的形式上，要充分利用网络课程平台的管理功能，创新以职业岗位为导向的教学组织形式，采用分组实践、虚拟仿真、在线评学等信息化教学功能，努力提高教学过程中理论和实践的有效融合，在开放共融的课堂气氛中让学生领悟工匠精神的真谛和内涵。

二、营造良好的教学氛围，加强情境化教学

工匠精神的精神内涵通常是无法用文字或者理论教学所能传授或讲授的，通常需要在真实情境中群体互动的情况下传递，不一定是以语言为载体，而是通过情境中特定对象的行为或动作所表现的一种态度，对所处同一空间的学习者所产生的情绪或情感影响。因此职业院校教师为提高教学效果，需要在教学过程中根据职业岗位构建情境化的教学内容，通过真实化岗位的模拟，调动学生主动接受教学内容和对岗位精神的感悟，在无声的体验中实现对工匠精神层面的认同和内化。通过对实践教学内容的情境化创新，使枯燥的理论教学变得充满趣味性，使学生的工匠精神培养有了真实的职业环境或者工作情境依托，能够直观真实地感受工匠精神、体悟工匠精神，极大提高了课程教学的效果。

非专业课的教学模式创新，以《思想道德修养与法律基础》课程为例，为将工匠精神的内涵进行融入，可以构建主题式、情境式和活动式互融的“三位一体”实践教学模式，通过丰富多彩的课堂活动，将学习的内容向深度延伸，创设真实的实践教学情境，改变以单调理论教学为主的教学模式，让学生沉浸在情境任务中，体悟工匠精神，感受工匠精神的内涵。

在专业课教学中，特别是专业实训课程，越接近真实的职业岗位环境越有助于学生对专业技能的掌握。职业院校可以通过建立校中厂的形式，提高实训教学的效果，还可以通过建设虚拟仿真实训中心的形式，利用 VR 等新型技术，开展沉浸式教学，让学生直观感受真实或者虚拟仿真的职业岗位环境，提高实践教学对学生工匠精神培养的效果。

三、优化教师队伍，提高职业教育师资建设水平

职业院校师资队伍建设的质量将直接影响基于岗位导向的职业技能人才培养效果。基于岗位导向的职业教育工作的推进，不仅需要职业院校的专职教师，还需要企业兼职教师的助力，也就是基于岗位导向的师资队伍不仅理论知识扎实，还要实践经验丰

富，对工匠精神有着深刻的感悟。为满足师资队伍的建设要求，可以从两个方面着手开展师资建设工作。

一是组建“专兼结合”的职业院校教师队伍。对职业院校专业教师不仅要建立常态化的校内培训学习制度，还要支持教师多参加校外学习进修，掌握本专业发展的前沿科技动态，提高专业教师理论知识水平的同时加强其实践能力的提升，从而提高师资队伍的建设质量。另外就是职业院校要积极引入企业优秀的技术人才作为兼职教师，充实职业技能人才培养的师资队伍。

二是打造“双师型”教师队伍。随着职业教育改革向纵深发展，职业教育人才培养对教师的要求越来越高，不仅需要扎实的理论知识，还要具有丰富的实践经验，并要求对岗位导向的职业工匠精神有着深刻认识。为满足职业教育对教师的要求，职业院校只有加速双师型教师队伍的建设，才能在人才培养过程中更好地开展教学模式改革，将工匠精神有效融入课程教学。因此，职业院校要建立教师下企业顶岗的实践制度丰富教师的实践经验，提供理论学习进修的机会提高专业教师的理论知识储备。①

第四节 健全岗位导向的工匠精神培养保障机制

一、完善人才培养制度建设

基于岗位导向的职业院校人才培养工作需要多方参与，只有构建完善的人才培养制度，才能保证工匠精神传承培养工作的效果。

宏观层面上，政府不仅是职业院校培养工匠人才的推动者，也是社会对职业教育态度的塑造者，因此政府要积极参与职业教育人才培养，制定更多符合职业教育特点的政策和法规，完善职业教育人才培养的制度建设。比如 2019 年底国务院印发的《国家职业教育改革实施方案》（职教 20 条），不仅提出了职业教育的办学目标，还对职业院校师资队伍建设和教育教学标准建设做出了全面的指导和规范，有效保障了职业院校工匠型人才培养的质量和效果。

中观层面上，要推动校企全面加强合作。为有效开展岗位导向的职业人才培养，校企双方要主动在人才培养、技术创新、文化传承和就业服务等方面开展合作，明确校企双方的责权利，形成“校企交互，共育工匠”的人才培养局面。基于岗位导向的

① 孙华明. 职业学校课程教学与工匠精神的融合策略 [J]. 职业，2020 (29)：25-26.

职业人才培养方式，需要充分利用企业的设施设备，强化专业实践对接职业岗位需求，探索创新校企合作的形式，让校企合作向深层次发展，为工匠精神的传承提供有力支持。

微观层面，职业院校是培养学生工匠精神的执行者，必须全面把握人才培养过程中存在的问题，对岗位导向的工匠人才培养具有深刻认识，能够切实提出有效达成人才培养目标的解决方案。比如职业院校要做好职业人才培养的顶层设计，建立健全岗位导向职业人才培养的制度，并能够根据自身专业建设和发展情况，针对工匠人才培养效果适时微调人才培养方案，将岗位导向的工匠精神人才培养工作落到实处。

二、营造良好的工匠文化氛围

受我国传统文化的影响，社会群体对职业教育及技术工人的认可度普遍不高。因此，在社会上营造良好的工匠文化氛围，提高职业技能人才群体的待遇，增强人们对职业教育及技术工人的认可，成为基于岗位导向的职业技能人才培养顺利开展的先决条件。

首先，各种宣传媒介对工匠精神的宣传对提高人们对职业教育的认可具有重要引导作用。通过广播电视、互联网新媒体、报纸等宣传媒介广泛宣传工匠精神对国家发展的意义及大国工匠的模范事迹，让社会大众深深认识到工匠培养的重要性，让学生认识到作为工匠人才的荣誉感，正确认识自己未来职业的社会地位，从而大大提高学生主动学习工匠精神的积极性。

其次，校园文化建设作为工匠人才培养文化氛围的重要组成，在校园文化活动中将工匠精神内涵进行有效融入，让学生在潜移默化中接受工匠文化的熏陶，对工匠精神的传承弘扬具有重要意义。职业院校根据校园文化建设实际，将优秀的企业文化融入校园文化建设，增加学生在学校文化活动中对真实职业文化的接触，让学生在身心愉悦的状态下自觉接受工匠精神对自身行为的规范，提高他们对工匠精神的认识和接受度。

最后，校园文化活动是丰富校园文化生活的主要途径，也是营造良好校园文化氛围的主要推手。在校园文化活动中有效融入工匠精神，可以有效推进校园文化中，工匠精神文化氛围的形成。比如在五一劳动节、五四青年节、七一建党节等特殊的节日期间，开展关于工匠精神传承弘扬的主题教育活动，丰富工匠精神的传承教育形式，寓教于乐，让学生在丰富多彩的校园文化活动中主动接受工匠精神教育，无形中增加对工匠精神内涵的理解和认知。

三、建立统一的考核评价标准

职业教育人才培养目标的实现与考核评价制度的科学性息息相关。工匠精神的培养于2018年被纳入《国家技能标准编制技术规程（2018年版）》，并成为职业道德考核要求的重要组成部分，由此，工匠精神成为当前及未来职业资格认定标准中的重要一环。因此，为实现预期人才培养目标，职业院校必须建立统一明确的人才培养考核评价标准，达到人才培养目标考核的方式多元化、内容全面化与过程科学化。只有明确人才培养考核评价标准，才能有效提高岗位导向的职业教育人才培养工作的指向性，才能及时改正与完善人才培养过程中出现的问题，提高职业教育工匠精神培养的效果。

人才培养预期目标的考核评价可以通过考核与认定两种形式来进行。考核主要是通过课程设计或理论测试的方式来完成，并根据一定原则转换成相应的课程学分；认定主要是通过技能测试、实践考核、职业技能鉴定等对学生进行全方位的考察，尤其是学生在这些活动中所表现出的职业道德、人际交往能力等综合素质，然后根据相关规定将其转换成相应的课程学分，并纳入学生的总成绩。[①]

① 谭璐．基于多主体协同的“工匠精神”培育机制构建［J］．天津中德应用技术大学学报，2021（01）：79-82．

参考文献

［1］邓喻心，宋光俊，苏健．工匠精神读本［M］．长春：东北师范大学出版社，2020.

［2］董晨阳，陈姝宇．弘扬工匠精神树立职业英雄——技工院校高技能人才培养联盟主办工匠精神主题研讨活动［J］．职业，2016（14）：5-6.

［3］董凡铭．高校技能型人才工匠精神培育路径研究［J］．鞍山师范学院学报，2020，22（05）：90-93.

［4］黄震．工匠精神［M］．北京：北京工业大学出版社，2017.

［5］李杰，张鹏超．构建职业院校全方位的工匠精神培育体系［J］．职教发展研究，2020（04）：96-100.

［6］李露芳．工匠精神主题教育在德育教学中的实践与探究［J］．发明与创新（职业教育），2019（05）：53＋67.

［7］廖芳．基于校企深度合作的高职学生工匠精神培育研究［J］．中国多媒体与网络教学学报（中旬刊），2019（10）：81-82.

［8］廖潇娜．基于现代学徒制的工匠精神培育研究［D］．秦皇岛：河北科技师范学院，2019.

［9］林子波．深化产教融合校企合作推动职业教育高质量发展［J］．发展研究，2020（12）：87-92.

［10］刘畅．现代学徒制下高职学生工匠精神的培育途径研究［J］．高等职业教育探索，2020，19（06）：42-47.

［11］刘汝伟．新时代职业院校工匠精神培育与传承［M］．北京：北京工业大学出版社，2018.

［12］刘辙．工匠精神［M］．上海：上海交通大学出版社，2020.

［13］柳学芳．基于职业技能竞赛五级赛制的高职化工类专业“金蓝领”工匠人才培养模式探索与实践［J］．化学工程与装备，2021（03）：266-267.

［14］梦婷．工匠精神［M］．北京：应急管理出版社，2020.

［15］牛玉霞．高职大学生工匠精神培育现状分析［J］．教育现代化，2019，6（60）：283-285.

［16］孙华明．职业学校课程教学与工匠精神的融合策略［J］．职业，2020（29）：25-26.

［17］孙其松，张欢，韩广发，等．职业院校赛事活动与工匠精神培养的研究与实践［J］．中国培训，2020（11）：35-36.

［18］谭璐．基于多主体协同的“工匠精神”培育机制构建［J］．天津中德应用技术大学学报，2021（01）：79-82.

［19］王金兰．新时代工匠精神培育研究［D］．临汾：山西师范大学，2018.

［20］王久成．工匠精神论［M］．北京：国家行政学院出版社，2018.

［21］王莉，罗昊．校企合作背景下的高职学生工匠精神的培育［J］．电脑知识与技术，2018，14（21）：195.

［22］王如平，苏瑞莹，丁钊．新时代工匠精神教育读本［M］．北京：中国电力出版社，2020.

［23］王业挺，王东．职业院校学生工匠精神培养存在的问题分析［J］．黑龙江科学，2019，10（03）：56-57.

［24］闫立文．职业技术院校学生工匠精神培育研究［D］．长春：东北师范大学，2018.

［25］张丽艳，詹跃明，郭松梅，等．基于现代学徒制下“工匠精神”创新平台的建设［J］．价值工程，2018，37（25）：167-169.

［26］张孟，王荣俊，李二军．高职教育培育工匠精神技能型人才的基本策略［J］．教育教学论坛，2020（28）：360-361.

［27］张鹏飞．新时代工匠精神的塑造［M］．北京：中国言实出版社，2018.

［28］张颖．工匠精神培育理念下高职思想政治创新教学方式［J］．作家天地，2020（24）：135-136.

［29］张玉红，成军，徐一超．论新时代工匠精神引领职业院校文化育人的必要性［J］．传播力研究，2019，3（28）：217-218.

［30］张子睿，樊凯．工匠精神与工匠精神养成引论［M］．北京：民主与建设出版社，2017．

［31］周倩慧．现代学徒制下高职学生工匠精神培育研究［D］．济南：山东师范大学，2020．

［32］曾小贵，宋丽．职业院校学生工匠精神培育问题与对策探析［J］．广西教育，2018（31）：13-14＋52．